本书受浙江省之江青年学者课题资助

经纬·人文社科

［美］苏珊娜·普莱斯特 著

高芳芳 译

Communicating Climate Change

The Path Forward

气候变化与传播

媒体、科学家与公众的应对策略

浙江大学出版社

图书在版编目(CIP)数据

气候变化与传播：媒体、科学家与公众的应对策略/
(美)苏珊娜·普莱斯特(Susanna Priest)著；高芳芳译.--
杭州：浙江大学出版社，2019.12
  (经纬·人文社科)
  书名原文：Communicating Climate Change: The
Path Forward
  ISBN 978-7-308-19865-3

  I.①气… II.①苏…②高… III.①气候变化—传
播学 IV.①P46-05

中国版本图书馆CIP数据核字(2019)第288487号

浙江省版权局著作权合同登记图字：11-2020-125

气候变化与传播：媒体、科学家与公众的应对策略

[美]苏珊娜·普莱斯特　著　　高芳芳　译

责任编辑	陈佩钰
责任校对	杨利军　沈倩
封面设计	雷建军
排　　版	杭州林智广告有限公司
出版发行	浙江大学出版社
	（杭州市天目山路148号　　邮政编码　310007）
	（网址：http://www.zjupress.com）
印　　刷	杭州杭新印务有限公司
开　　本	880mm×1230mm　1/32
印　　张	7.75
字　　数	155千
版 印 次	2019年12月第1版　2019年12月第1次印刷
书　　号	ISBN 978-7-308-19865-3
定　　价	48.00元

中文版序

　　全世界，包括亚洲在内，对科学传播的研究兴趣日益浓厚，这一点着实令人欣喜。在我看来，科学传播者的工作不仅能提高人们的科学素养，还能为经济发展和社会决策做出贡献。今时今日，气候变化对人类来说，早已不是遥不可及的威胁。洪水、风暴、极端天气、干旱和山火在世界各地都已普遍存在，几乎成为常态。随着森林被大面积破坏，全球气候的趋势不断恶化，气候变化正威胁着人类的生活方式和耕作方式，并与其他社会问题交织在一起。本书通过讲述有关气候变化与传播的内容，最终希望能号召人们行动起来，共同应对气候变化。我们需要更多有关气候传播的研究，并将研究成果付诸实践。希望本书能为实现这一目标做出贡献。

苏珊娜·普莱斯特

2019年10月15日

前　言

　　在开始写这本书之前，我参加了一场美国华盛顿州奥林匹亚市书店内的科学咖啡馆活动（science cafés）。所谓科学咖啡馆活动，指的就是一些地方上的自由学术聚会，在这些聚会上公众有机会能够与科学家以及其他对科学感兴趣的社区成员会面，并讨论与科学相关的问题。这样的活动兼具娱乐性与教育性。在世界上的许多地方，类似科学咖啡馆这种能够让公众尽可能多地接触科学的活动正日趋流行，此类活动能减少科学与社会之间的隔阂。对个人来说，除非在科学界工作，不然公众与科学家近距离接触的机会并不多。因此，举办类似科学咖啡馆的活动能让科学与科学家以更自然的方式融入人们的生活，让他们在大众眼中显得不再那么高不可攀。当然，科学咖啡馆的活动方式并不仅限于社区讲座，只是因为很多时候参与者甚众，所以讲座的方式更具可行性。奥林匹亚市是我开始写这本书的地方，也是美国华盛顿州的州府所在地。这个城市在我看来开明且充满生机，这里既活跃着艺术家、音乐家和环保主义者，也是州政府和州议员们日常办公所在地。参加当天的科学咖啡馆活动前，我原以为参与的公众应该会对气候变化议题较为了解，且活动内容应该与科学有关。到了现场我才发现活动虽然是由科学家们组织的，但关注的是一位摄影家有关北极熊的作品，旨在由北极熊及其生存环境的图片激发人们对气候变化的讨论。在当天活动的现场，那个小小的屋子里满满当当坐着大约五十来人。关于北极熊作品的展示非常成功，当然这也是意料中的事，毕竟无处不在的北极熊形象已经成为气候变化恶劣后果的标志性代表，用以说明气候变化导致海洋冰面缩小，从而破坏了北极熊的天然栖息地，而这也是北极熊们躲避远洋狩猎的唯一避难所。显然，现场的公众对这个话题很感兴趣，对北极熊也充满了同情。但在展示后的讨论过程中，当某一位听众问到哪些组织致力于解决此类问题且最需要人们的支持时，不论是当天发言的摄影家还是组织活动的科学家，都无法立刻给出一个准确的答案。现场不少听众都对这个问题的答案非常期待，看起来他们都充满善意且乐于为改善北极熊的生存处境提供帮助，只是不知道该怎么做。在长时间的冷场后，摄影家说出了一个非常有名的野生动物保护机构的名字。这是个不错的提议，但该机构的主要目标不是应对气候变化而是保护濒危物种。当然，此类机构的工作非常重要，保护濒危物种以及这些野生动物的栖息地虽然也可能与气候变化相关，但毕竟只是亟待解决的大问题中的一小部分。全球性的能源政策和生活方式调整才是解决气候变化问题的关键所在，我们要让人们了解的远比如何保护北极熊多得多。如果不解决大的气候变化问题，唯一现实的能够帮助北极熊的方式大概就是为它们找到新的栖息地或把它们都放到动物园去。但活动现场没有任何人关注到宏观层面。

在另一阵长长的冷场后，听众中有人说出了另一个机构的名字，这是个成立不久、主要通过互联网进行宣传的机构，主要目标是减少二氧化碳排放。这个机构在环保支持者中呼声很高，但在普通大众中的知名度并不高，现场很多听众似乎都没有听说过这个机构，也没人拿笔记下这个名字或小声讨论。因为没人说得出其他任何一个致力于解决气候变化问题的组织，听众们纷纷开始整理东西收拢椅子准备回家。是否还有其他公众识别度更高的地方性机构是致力于解决气候变化问题的呢？我也不知道，但这次活动让我陷入思考。

一直以来，我都觉得我们缺乏真正集中关注气候变化问题的本土化草根组织或者全国性机构，这次科学咖啡馆活动的经历再度向我证明此类机构即使存在，也并不为人所熟知。为什么没有更多的此类机构？如果现有的这些机构在关心科学的公众中都没有存在感，那它们要如何影响大众呢？作为一个社会科学工作者和传播学学者，这些问题在我看来十分重要，但也让我觉得疑惑。对社会科学工作者来说，如果能用于应对气候变化的机构资源如此有限，我们该如何克服这个问题？如何鼓励人们去改变自己的生活并影响他人，从而减缓气候变化？

就在那段时间，台风"海燕"重创菲律宾，据报道台风刚到菲律宾就导致3982人死亡（McClam，2013）。这个数字比美国"9·11"事件中的死亡人数还要高，众所周知"9·11"恐怖袭击事件对美国的外交政策产生了极为深远的影响。接下来的几个月中，因为台风"海燕"死亡的人数节节攀升，到当年12月达到了6000人左右。除此之外，1800人失踪，27000人受伤，将近400名菲律宾人被迫离开家（"Typhoon Haiyan death toll"，2013）。当然，我们不能说气候变化是导致这场台风的主因，可我们也知道如果全球变暖的速度不放慢，未来人类可能需要面对更多这样的极端天气。此类矛盾就是我们在传播气候变化议题时的最大挑战之一。

当年的联合国气候变化会谈——2013年联合国气候变化大会华沙会议的结果也不理想。《华盛顿邮报》在一则新闻中这样写道："（在会上）发展中国家认为发达国家需要为已经存在于大气中的二氧化碳负责，所以应该由发达国家来为全球变暖的负面结果买单。而发达国家则指出，不应该一味指责发达国家，也应该看到未来可能的二氧化碳排放——这就把问题的焦点转移到了一些快速发展中的国家如中国和印度身上。"(Plumer，2013)

但这些互相指责难道不是我们已经听了好多年的吗？这些互相推诿的新闻早就不"新"了。整个世界似乎被锁死在了国际政治的僵局中，这场论战没有赢家，不论是发达国家还是发展中国家。当时，我期盼着2015年气候变化巴黎大会的召开，希望到时候人类能够看得更远，即使目标一时难以实现。

这本书不会着眼于讨论气候变化问题的科学性，因为相关的科学事实早就广为人知且有大量的书籍、报告和科研文献记载。不论那些质疑气候变化的人是因为政治意识形态还是出于知识蒙昧，抑或两者皆有，这本书不是为了说服他们接受气候变化。这本书是写给那些相信且认为气候变化是一个现实问题，需要人类着手去做点什么的人，特别是那些能够带领大众共同致力于应对气候变化的人，如老师、学者、政治家、科学家、科学博物馆工作人员、环保主义者以及那些想为地球贡献力量但不知道该如何实现的普通公民。这本书更是为了科学传播学者们所写，希望书中的内容能够帮助他们更好地了解他们工作的意义。当然，本书不可能为所有有关气候变化的问题提供答案，但作为传播学者，我们知道如何让人们对气候变化议题有更深入的认识。

我们需要用热忱来克服在气候变化问题上多年来的停滞与政治僵局，需要在现有的缺乏机构性基础设施的情况下推进对气候变化问题的认识，也需要让人们在热衷世界经济问题和医疗改革之外了解全球气候变化。我们不应仅纠结于气候究竟有没有变暖，毕竟已经有大量科学依据能够说明该问题，我们需要致力于解决问题。

著名的天文学家、作家、科学传播者卡尔·萨根在临终前于1996年出版了最后一部作品《魔鬼出没的世界——科学，照亮黑暗的蜡烛》，这个书名就像是一个关于科学与迷信之间斗争的隐喻。在科学与迷信之间，我一直乐观地相信人类生来就是智慧且理性的，在拥有充分的教育和信息的前提下，是有能力作出正确决定的。我本科是学人类学的。人类学教会我，如果人们相信魔鬼，不应该简单地认为这种行为是非理性的，而应该去思考为何这个社会会让人们愿意相信魔鬼是存在的。为什么即使有大量科学证据证明气候变化真实存在，还有很多人认为气候变化是个伪命题？这本书会对这个问题进行思考，并在此基础上思考该如何运用传播学和其他社会科学中有关劝服和集体行动的研究，让人们不再单纯依靠直觉行事，且愿意做出改变。这也需要研究者们在气候变化问题上重新聚焦，甚至开拓新的研究路径。我们需要记住：当大部分相信气候变化的人开始研究新的策略和应对方案并加以实施时，气候变化怀疑者们也可能慢慢加入进来。无论如何，我们都需要往前走。

这本书主要从美国的角度出发，这并非因为作者认为只有美国需要为当前全球的气候变化问题负责，也不是因为美国是目前全球二氧化碳的主要排放国，而是因为作者对美国的文化背景最为了解。即使如此，我们相信也希望在这本书中所报告的全球性的研究成果，能够对来自世界各地不同文化背景的读者都有裨益。对于非美国的读者来说，这本书可以作为一个案例研究来说明对全球气候变化贡献排名前列的美国的情况。

再次说明，本书并非旨在要读者相信气候变化是真实存在的或者说气候变化主要是由人类活动所导致的，而是写给那些自己愿意相信"气候变化论"进而希望身边更多人认真对待并采取行动的人。这本书的不少读者应该会是研究传播过程与传播效果的，但这本书不光只是写给他们看的，也是写给科学家、写给那些想要成为更好的科学传播者的人们，如记者、相关领域专家、博物馆学家、气候变化支持者等看的。

　　科学传播过去看起来像是一个冷门的专业，但近几年开始发展迅猛。如果说传播学研究是社会科学中的新门类，那么科学传播就是传播学研究中的新门类。本书无法为所有可能存在的问题提供答案，也无法囊括世界范围内所有与气候变化相关的文献——这个任务实在太艰巨了。本书旨在点明气候传播中的一些核心主题，并描绘出未来颇具希望的新的研究趋势与方向，从而更好地帮助研究者和从业人员们。作者希望本书能够给读者们传达一个积极的信号，即气候变化是真实存在的，人类能够共同解决这一问题。我要感谢华盛顿大学传播学系为我写这本书提供支持，也要感谢尼尔·斯坦豪斯（Neil Stenhouse）和杰西卡·汤普森（Jessica Thompson）对本书的贡献。

目录

CONTENTS

第一章
气候传播的困境

　　气候变化一直存在，其成因很大一部分在于人类活动。本书的目的不在于阐释"气候变化论"，即"地球正在变暖，而人类活动是主要原因"这一基本事实，因为这已经是被大量科学事实证明且成为科学界共识的基本结论。本书希望做的是考察与此相关的研究型的传播学问题，从而促进针对气候变化的个体行为和群体性社会意愿。我们需要在地方、国家和国际层面上推进新的政策，我们也相信一个有广泛基础的方案对于全面减缓和适应正在变化中的气候是十分有必要的，也将帮助研究者们认清气候传播中重要的研究空白和研究可能。为了实现这些目标，本书考察并批判了气候传播研究的主要流派，并指出了其中的教训、挑战和机遇。对于真正关心气候变化问题并希望作出积极改变的人，传播学研究亦能有所帮助。从传播学和其他社会科学中诞生的一些概念和研究路线都对气候传播的发展很有帮助。但有关科学议题相关民意的本质的迷思一直存在，而一些可行的研究路径看起来似乎仍然被忽视、遗忘或未被充分利用来打破气候传播的僵局。

　　本书认为传播学研究者和对气候变化问题感兴趣的人，包括科学家和传播业从业人员，需要在加倍努力的基础上重新思考一些基本的研究假设和研究方式。为此，本书试图为传播学研究，特别是科学传播和气候传播研究，标示一些新的研究方向，从而让研究者们重新回溯该领域所植根的社会科学，不再过度依赖聚焦于个体而非群体心理的思维方式和研究方法。这样的思维方式和研究方法是重要的，且能够有效地指导实践，本书的第三章将会展开讲述这一问题。但本书的基本前提是民意和社会意愿在本质上是群体现象而非简单的个人特质集合，更好地理解这些现象且从群体的角度出发理解这些现象能够帮助我们更好地理解人类存在的意义。虽然作为一个个体，现代技术的便利常常让人们能够独立地生活和工作，但人们仍不免与超越个体的社会性的政治、经济和文化生态有着千丝万缕的联系。虽然个体层面的劝服研究常常颇有见解，但仍只能代表整体研究中的一个环节，而我们想要做的是推动气候传播在研究和实践上的全面发展。

2015年，一些重要的关于气候变化问题的积极信号被逐渐释放出来，如时任美国总统奥巴马在多年的沉默后终于开始公开讨论气候变化问题，并在与其他国家领导人的会谈中也多次提及该问题。天主教教皇方济各也在访问美国时号召人们采取行动应对气候变化。与此同时，天主教会也对数十亿的教会成员发起了类似的号召。这些举动对于宗教界和非宗教界人士来说都是充满积极意味的。

民意既会被可见性强的意见影响，也会被人们所普遍猜测的此类意见可能对他人想法产生的影响而影响。这些可见性强的意见往往来自社会科学研究者所说的"意见领袖",即使是象征性的意见领袖也会在民意发展中扮演重要的角色。意见领袖可能存在于多个不同的层面,如家庭中、邻里间、省市内、专业群体或文化团体内部,甚至某个国家中。奥巴马和教皇方济各当然是全球性的意见领袖,能够在世界范围内影响民意。要让有关气候变化的信息有更广泛的传达,我们需要各个不同层面和各行各业的意见领袖共同发力、公开发言,让人们意识到应对气候变化的紧迫性与重要性。

研究者们往往通过民意调查来衡量民意,而民意也在不断变化中。尽管与欧洲人相比,美国人对气候变化的认识往往稍显落后,但耶鲁大学气候传播项目2014年的报告显示,63%的美国人相信全球暖化正在发生,尽管只有48%的被调查者相信人类活动是气候变化的主因;有77%的人支持研究可再生能源,74%的人支持对二氧化碳污染物的排放进行管理,63%的人支持对燃煤排放的二氧化碳进行严格的控制(Howe et al., 2015)。换句话说,相当大一部分美国人即使不接受"气候变化论",甚至完全不相信气候变化的事实,也支持在气候和能源问题上有所行动。我想我们不应只关注报告中提到的占比18%的不相信气候变化的人,而应该和大部分相信科学的人一起致力于为目前的气候困境找到解决方案。在美国,约63%的人属于后者,在数量上是坚定地不接受"气候变化论"人数的3.5倍。

当然,也总有些不那么鼓舞人心的消息:作为2016年11月美国总统大选新闻报道序曲的2015年美国总统候选人新闻，更多地关注了共和党提名的总统候选人的新闻，这些候选人大多是气候变化的怀疑论者，包括唐纳德·特朗普和本·卡森在内。特朗普曾公开宣称气候变化是中国人编造出来的骗局，目的在于摧毁美国经济（Desjardins & Boyd, 2015），而卡森则认为气候变化"无关紧要"，因为地球温度的变化本来就是周期性的（Desjardins, 2015）。就算不考虑他们在气候问题上的非科学立场，鉴于这些候选人极有可能成为美国的领导人，这对于美国这个自认为位列全球强国之一的国家来说也不是什么好事。民主党的两位总统候选人希拉里·克林顿和伯尼·桑德斯都公开宣称他们接受气候变化的事实，虽然两人都没有将之作为竞选活动的核心主题之一。无论如何，气候科学本身并不应成为政治武器。鉴于新闻媒体给予共和党候选人的关注和某种意义上由媒体授予他们的公信力，媒体多少都在对气候变化存疑这一立场上倾注了合理性和影响力。这种奇怪的竞选流程和竞选生态很好地说明了集体性公共舆论能够在多大程度上与现实分道扬镳。

被扭曲的对民意的认知是如何更好地传播气候变化议题道路上的障碍。从反气候变化团体和组织那里获得的赞助（Brulle, 2012）及从传统能源行业获得的资金（Frumhoff & Oreskes, 2015）还在不断推动社会在气候变化问题上采取拒绝立场。这不但歪曲了有关气候变化的科学共识，还在很大程度上导致人们错误地认为大部分美国人都不相信气候变化且不愿意为此有所行动。反对气候变化的声量越大，人们就越有可能将之认为是主流意见，即使那根本不是事实。这个问题的关键并不仅仅在于那些反对意见的直接作用或那些反对意见本身是否科学，还在于人们对民意的范围和效用的认知。

新闻媒体不能不报道作为政治候选人的特朗普和卡森，即使他们的观点未必能够代表大部分美国人甚至共和党人的看法。耶鲁大学气候传播项目也指出共和党人内部在气候变化问题上存在分歧，统计数据显示，68%的共和党民主派和62%的共和党中立派相信气候变化正在发生（Howe et al., 2015）。要让那些实际上的多数派认识到他们事实上属于多数派，这一点尤为重要，本书也将在接下来的章节中多次涉及这个问题。需要传递给他们的信息不应该是"气候变化真实存在"或"气候变化真实存在，且是由人类导致的"，而应该是"大多数人相信气候变化，且他们想要有所行动"。

本章试图先抛出一些小的思考点来慢慢进入问题。我们关注长远的未来，而非即刻的政治图景。我们首先需要了解一些从最近的气候传播研究中涌现出来的趋势和想法，这些研究想法对于之前对气候传播研究没有过多关注的群体、自然科学家和传播从业者来说也许并不熟悉。在过去的几十年里，科学传播和气候传播相关的学术研究和实践做法已经发生了非常大的变化。科学教育者们，如大学教授们，一直致力于把准确的科学信息传达给学生们。但如果想要改变社会上个体以及群体的科学认知，进而引发广泛的社会变化，单纯的学校教育并不是最重要的，也远远不够。为了找到好的解决方案，我们需要反思现在盛行的将研究重点放在个体而非群体身上的研究范式，也需要思考传播科学（包括气候科学）的目的是什么以及公众意见究竟是如何形成的。

科学传播的缺失模型与对话模型

近年来，不论是在学术还是实践上，科学传播的关注焦点都出现了从"缺失"模型到"对话"模型的转变，这种转变本身也是某种意义上的社会运动，在学术圈内外对不同的人群也有不同的意义。要改变人们对科学的态度或是对科学相关事务的看法当然需要人们对科学有基本的了解。相信希望为气候变化这样的问题找到基于科学基础的解决方案的人无一不同意这一点。但与此同时，如果只是简单地想要了解某个科学问题，大部分人并不需要也不想要费力去了解现有的所有科学知识。人们需要"足够的"科学，这里所谓的足够指的是在信息的充分度上达到某个主观的内在标准让人满意即可。至于究竟多少信息才算充分，则取决于每个人的认知。传达科学信息能帮助人们了解科学，但却不是改变人们对科学看法的必然手段，特别是那些已经在某些问题上抱有既定看法的人们。提供科学信息并不足以改变人们的态度，也不足以推动人们采取行动，即使在很多情况下提供科学信息能够帮忙解释何种行动有用及相关原因。例如在气候问题上，不论提供多少支持"气候变化论"的科学证据，拒绝认定气候变化的人们就是不会相信。

举个例子，我可以在不了解如何建造太空船的前提下对国家是否应该继续投资太空项目有自己的看法。在这种情况下，我只需要了解此类投资具有何种社会收益以及工程师们是否有能力建造太空船，从而确保国家对太空项目的投资和宇航员们的生命安全是有保障的。另一方面，政策的制定通常是基于价值判断或策略决策——投资太空项目是否比投资其他项目好并不全然是一个"科学"问题。我们希望公众对于此类问题的看法是基于他们的科学认知形成的，但这并不应全然由科学决定。给我提供更多的科学信息，如在此例中给我提供更多关于太空项目或者更宽泛的关于太空的科学信息，不太可能让我改变对国家是否应该继续投资太空项目的看法，除非这些新的科学信息让我觉得很兴奋或带给我新的启发。

再举个例子，人们通常会支持医学研究，因为人们在意健康且能看到此类投资对自己和他人的益处，而这一点并不取决于他们是否拥有和医生同等的医学知识。事实上，将气候变化问题与公共健康联系起来是一项明智的决策，很多人都已经意识到并试图建立两者之间的关系。奥巴马有时在提到气候变化问题时就会将之与公共健康联系起来（Subramanian，2013）。大部分人也许并不需要所有的科学细节，只需要了解这和他们的生活存在何种联系或者说关注气候变化对他们的生活有什么意义。要做到这一点，他们需要的除了对科学的基本了解之外，还有对科学信息传播者的信任。

很重要的一点是，同样是对科学的支持，那些支持医学研究或太空项目的人也许根本无法意识到支持更为基础的研究或环境研究的好处，这里所说的更为基础的研究包括生物学或天文学研究，而环境研究则可用于寻找最好的保护濒危动物栖息地。以上所提到的不同的研究价值各异，当我们试图去衡量进行这些研究所能得到和需要付出的代价时，会发现很多时候我们所能得到的并不是看得见摸得着的经济收益。对于那些认为自然环境重要的人来说，保护动物栖息地是有意义的，而太空项目更多的则是象征意义上代表国家荣誉以及通过基础科学发展和作为衍生物的科技创新所反映出来的知识进步。

"纯科学"某种程度上和艺术一样，社会应该为了自身的利益而对其有所重视，而不同的人对其重要程度会有不同的看法。换句话说，人们对社会性投资的分配方式，包括对不同类型科学的投资或是对科学整体性的投资，有不同的看法是正常的。人们对那些不仅仅建立在已知科学事实基础上的事务看法各异也很正常，更不用说其他的与科学相关的信念差异。不断进步的科学知识未必能够让那些有神论者接受进化论。当然，这里并不存在一个单一且强大的反科学视角，很多问题需要一事一议。要说服人们让他们愿意在减缓气候变化上投入时间和资源，需要做的是改变他们的价值观和科学信念，而非单纯地让他们接受科学。

　　提供充足的科学事实当然会引导人们的认知逐渐与科学家群体基于实证依据得出的科学认知趋同。基于此形成的科学传播的传统思路就是学者们所说的"缺失模型",即试图单纯通过传播科学信息来解决有关科学的公众看法或公共关系问题。但正如我们实际所看到的那样,例如公众有关生物技术的看法未必和他们所接受的教育或知识紧密相关(Priest,2000)。这当然不是说知识不重要(Sturgis & Allum,2004),只是其中的关联区别于人们一开始的假设,会更复杂——人们有关科学问题的看法是基于诸多因素形成的,如他们自身的价值观和信念而非单纯基于他们所知的科学事实。不幸的是,所谓"缺失模型",即假设人们在科学问题上存在知识的缺失,所以强化科学教育能够引导人们的科学看法,此类解决问题的思路还在继续以不同的方式涌现。很多人,包括不少自然科学家在内,都直觉性地认为增强人们的科学素养就能更好地获取他们的支持。可惜这种方法在现实中未必可行。

　　从缺失模型到更侧重对话或公共参与的科学传播模型的变化与科学传播本身在研究与实践中出现的许多新的方向有关。侧重对话或公共参与的科学传播模型更强调双向沟通式的讨论和对话,如一方面通过为科学家们提供更多机会推动他们与公众互动并参与到政策制定的过程中去,另一方面为非科学家们提供更多机会与科学家和科学内容互动。这些讨论科学问题及科学政策的机会能够帮助人们在进行有关科学问题的决策时进行更深入的思考。无论如何,科学传播的主流看法已经意识到,公众是科学民主的重要组成部分。

但增进科学家与民众之间的互动未必能够改变人们在科学问题上的具体看法，也未必能够让人们在这些问题上与科学家们站得更近。对科学更深入的了解未必能够改变人们内心深处的很多看法，也不是所有对科学或科学政策感兴趣的人都一定会参与到科学问题的讨论中来，即使他们被赋予了这样的机会。许多人，可能是大多数人，会继续依赖他们一直以来信任的意见领袖在科学问题上的看法来指引自己的行为。这意味着气候变化传播者们需要注意，对某些特定群体来说意见领袖的影响力是巨大的，就像广告商们一直都非常在意代言人一样。

不少新的科学传播的学术研究和项目实践已经开始向新兴的公众参与模式靠拢，如公众科学（citizen science，非专家参与到科学数据的收集和分析中）、社区科学嘉年华、科学咖啡馆（science café，人们以非正式的方式与科学家们互动），或组织形式更为严密的审议制意见会（consensus conference，让人们参与到科学相关政策的讨论中）以及一系列在科学中心和科学博物馆举办的活动，这些活动强调展示和互动体验，让参与者们能够自发地讨论和提问而不再止步于被动地观看。这一波新的科学传播活动重新定义了科学的社会和公众外延，给公众机会与科学家群体分享自己的观点，而不再是之前只让科学家给公众上课。

鉴于缺失模型本身的缺陷，公众参与科学模型是个颇有前途的发展方向，尽管这并不是应对所有与公众有关的科学问题的万应药。一方面，许多被吸引去参加公共参与类型的科学活动的人本身就对科学有相当的兴趣，当然这些人中也许存在批评人士，但大部分还是科学的热心支持者。一些学术界的科学参与实践是虚拟性的，是被赞助的社会实验。此类社会实验有时会因为没有实际的讨论结果而被批评，因为人们还是希望科学讨论作为一个政治过程能够产生实际的效用或就具体问题给出结论。有计划有组织的讨论往往因为参与的受众本身已经存在意见分歧，所以讨论过后人们的态度依然如旧。奥巴马时代美国有关医疗改革的全民参与的公开大讨论（"town hall" discussion）就是一个很好的例子，在这些讨论中主导性的声音往往来自反对医疗改革的强硬派。

参与型的科学活动并非出于非要把公众拉到特定的政策或解决方案的某一边的目的，也不应该成为这样的机制。当政府部门试图通过这样的活动来解决业已存在的科学政策纠纷时，如英国政府在"转基因国度"（GM Nation）有关转基因作物的公开讨论中（Horlick-Jones et al., 2006），对那些批评政府部门试图主导并获得期待结果的批评声需保持开放的态度。要获得共识并非易事，想要通过讨论得出一致的结论也是如此。

除此以外，采用公众参与科学的模式来解决气候变化问题本身就存在局限性，其中最大的问题就在于气候变化是一种传播的紧急情况。我个人认为如果能够充分地就科学问题进行思考，比方说通过参与科学辩论和讨论等，即便在那些高度科技化的问题上，人们依然可能实现明智的群体性决策，[1]虽然目前我还没找到现实生活中特别典型又非常成功的通过民主决议实现明智的科学决策的例子。要解决气候变化问题可能需要我们花上好几年甚至是好几十年来进行公共讨论，但该问题的解决迫在眉睫。气候变化正在发生，且将是越来越无法逆转的。

我们既需要多传播有关气候变化的科学信息（这符合缺失模型的核心假设，只是不要将此作为唯一的解决方案），也需要大力促进公众有关气候问题的讨论（正如公众参与科学模型所建议的那样让公众更多地参与进来并与科学家实现互动）。但这些都只是开始，也许未必能帮助人们快速完全地解决问题。许多传播学研究者试图找到最具有说服性的信息，进而让人们共同应对气候变化，可惜这种方法也存在局限性。

信息传递与分析单位

传播学研究通常会基于研究对象（如科学传播、政治传播、健康传播等）进行分类，也会基于传播范围（如人际传播、组织传播、大众传播、国际传播、跨文化传播等）、媒介类型（如纸质媒体传播、广播电视传播、新媒体传播；如视觉传播与文

---

[1] 一般来说，这种观点在逻辑上是说得通的，正如杜威所认为的教育在民主社会中应该扮演的角色，虽然这种观点不是直接出自杜威的书。

字传播；又如正式演讲、对话或集体讨论）、专业目标（如广告传播、公共关系或各种形式的新闻传播等）进行分类。这些分类赋予了这个学科明确的标识，帮助我们更好地进行教学和科研，但也可能让我们因为过于关注复杂的传播流程中的特定环节和特定传播形式而忽略了更为宏观的图景，变得短视。如果在此基础上加上不同的研究门类下纷繁复杂的研究方法，不论是定量的还是定性的，都会让这个领域中的各种声音变得更难和谐。传播学领域在外人眼中就会变得像理论物理一样，那些本来十分简单的内容也变得艰深难懂。

受众/信息消费者是传播学研究中的关注点之一，但学者们常常会将受众研究简化为考察受众对某个特定信息的反应，这个信息可能是广告，可能是大众传播中的政治竞选信息，或是人际传播中在人与人之间传递的消息。当然，研究个体会比研究群体来得容易，研究短期效果（如通过问卷或实验的研究）也会比研究中期或长期效果（如研究媒体内容变化的动态或趋势与公共思潮的变化）要容易些。不要忘记，人们的思考和行为方式常常会与其社会身份或群体属性有关。在一个多元化的社会中，人们常常从属于各种交错且互相联系的群体。人们会基于自身多样的社会群体身份，如作为某个政党的成员或作为其他社会群体的成员，对社会事务作出反应（Pearson & Schuldt，2015）。人们还会因为各自所属的文化背景而产生行为上的不同，毕竟文化本身就具有群体性，且处于不断变化中。

研究个体特征或反应与研究群体行为之间的区别之一就是

社会科学研究者们常说的分析单位不同。这一点在研究民意时，因为其关乎民意的群体性本质，所以特别重要。举个简单的例子，不论是在定量研究还是定性研究中，分析数据时我们常常会遇到各种与分析单位有关的问题。就像研究者在分析焦点小组访谈记录时，假设这个焦点小组讨论的是人们该做些什么来控制气候变化，研究者们究竟应该逐字逐句地分析访谈记录，还是分析在对话中出现的篇幅较长的话语？听起来似乎后一种做法更妥当，毕竟表述一个完整的观点需要的篇幅会更长。但如果有一系列这样的焦点小组访谈记录，研究者们似乎更应该考察每个焦点小组的对话特点，看看是否不同的焦点小组在讨论同一问题时存在不同的导向。具体应该采取何种分析方法取决于研究者的研究问题，看研究者试图考察的是人们对该讨论主题的反应还是焦点小组如何影响个体的思考和发言。同样的，如果研究者考察的是报纸对气候变化的报道，分析单位应该是所有报纸对该主题的报道、某报或某一期报纸还是报上的某一篇文章对该主题的报道，抑或是报道中出现的信息源、特定的段落？这些都是研究设计中的重要问题，而分析对象的多少和研究结果的意义也与分析单位有关。

为什么研究对象的群体性那么重要？举个简单的例子，一个公认的事实就是焦点小组的成员组成会在很大程度上影响到焦点小组访谈过程中各成员的行为。特别是在科技主题的焦点小组讨论中，那些觉得自己不太了解讨论主题或那些受教育程度不高的成员常常会在讨论时被同组的专家或高学历者吓退。采用焦点小组这一方法的研究者为了避免该问题，通常会将学历相近的成员放到同一组里参加讨论。如果把这层考虑放到整个社会层面上，特别是放到美国这种高度多元化的社会中，当人们总是被有关他人想法的信息包围时，不论信息是直接的还是由媒介传递的，人们都会在形成和表达个人观点时主动向他人想法靠拢。正如伊丽莎白·诺埃尔-诺伊曼（Noelle-Neumann, 1993）在有名的"沉默螺旋"理论中指出的那样，与主流意见相左的反对意见在群体中往往会被抑制。为了实现群体认同，人们会因为害怕被拒绝或被孤立而不发表反对意见。当然，这并不意味着群体成员总是不同意群体的看法，只是人们往往会观察应该用何种方式在何时对什么人表达不同意见才更合适。如果人们觉得在群体中（如邻里、教友、社区、同事、家人、朋友中间）只有极少数人认同自己的观点，他们可能就会思考是否要在该群体中表达自己的观点。不论说还是不说，都有可能让人们错误地理解群体意见。在某些情况下，这种错误的理解会导致人们错失重要的能够影响他人的机会。简单来说，我们对所在群体中他人想法的理解是很重要的，这也可以解释为什么人们需要意见领袖来为特定的想法和观点背书，虽然这也有可能产生反作用，如公开的对气候变化的支持也可能让人们更坚定了对"气候变化论"的反对。

但在研究民意的形成过程时，即使承认群体性意见的巨大影响力，传播学学者们通常还是会从个人入手进行研究，而相对忽略了个人所在的群体或试图融入的群体对其的影响。研究数据多是基于问卷调查或实验获得，而这些调查和实验关注的多是个体在不受他人影响下作出的反应，毕竟从研究设计上说此类研究试图分析的就是特定信息在隔绝了各类干扰因素后可能产生的效果。数据分析时基于人口学统计变量来分析不同群体间的差异是一种常见的也是多数情况下合理的操作，但这并非万金油，特别是当研究者没有提出正确的问题来全面反映被试者的群体属性时。宗教、政党、地区或阶层属性具有多重不同的意义和影响，不同的组合会加剧其复杂性。整体大于各部分之和，或者说，群体并不只是群体中个人的简单相加，且远比简单相加要复杂。什么样的群体在何种背景下会对什么人的行动或话语产生何种影响，这些不是通过简单的人口学变量就能说明的。

更重要的是，关系气候变化问题解决的其他社会因素也难以通过个人层面的研究来加以落实。寻求社会变化的行动往往是群体行为，而不只是个人想法或个人行为。当然，社会大众的个人看法很重要，因为他们基于个人想法投票、决定自身的能源使用方式、参与请愿调查，或告诉周围人他们相信气候变化。但只有群体，不论是社区、非营利性组织、行业协会、政党、公司还是行业，才有更大的力量支持改变或抵制变化；只有政府机构才能决定政策的最终发布及其实施力度。在今天个人化的社会中，个体当然也重要，但普通公众个人的影响力往往不及群体。

研究某个时间段内的群体生态往往更棘手，甚至会被认为不如个体研究（如某人是如何在某个时间点上被某条特定的信息所影响）来得精确。许多应用型的传播学研究，如政治传播、产品营销或有关健康行为推广的社交营销研究，关注的本就是个人层面的行为（如政治投票、产品购买、健康选择等）。研究者们无法用同样的方式去兜售"气候变化论"并要求人们改变行为方式，因为气候传播的最终目标是实现认知层面的变化，强化个体的相关知识和看法，同时改进群体看法、群体效率、群体意愿及最终的群体行为。即使所有人都相信气候变化，但如果只把公众拆分为个体来看待，恐怕还是远远不够的。[1]

媒介化的沟通与传播很重要，不仅因为媒介能够传递信息，也因为媒介在某种程度上能够代表民意。媒介为社会大众提供了一个重要的窗口，让人们看到除自己以外的他人（如意见领袖、专家或和自己一样的普通人）是怎么想的，以及自己的认知是否准确或扭曲。大量研究表明，大众媒体并不像早期研究所设想的那样具有魔弹般的效果，但其影响也不可否认。有很多事件或问题，如果媒体只字不提，那么人们很大可能根本不知道这些事件或问题的存在。只有当这些事件或问题被媒体频频提及时，大众才可能认为这些事件或问题是重要的（McCombs & Shaw,1972；Iyengar & Kinder,1989）。媒体还能直

---

[1]　在运用传播学研究中的一些理论，如计划行为理论（Theory of Planned Behavior）（Ajzen，2012）和第三人效果（Third-Person Effects）（Davison，2012）时，研究者们通常还是会考虑个体及他人的理解和看法的，其分析单位依然是个人。重要的集体影响，如整体民意的变化和更广阔的文化背景的影响等，则难以在个体层面上进行概念化或以个体为单位来衡量。

接或间接地告诉人们公众在这些问题上呈现哪些多样的看法，并通过几不可察的方式暗示人们哪些看法是主流，哪些不是。

这就是为什么气候变化报道中的虚假平衡，即把对气候变化的质疑和反对描绘成在大部分已接受气候变化的科学界中占据半壁江山（Boykoff，2011），已经成为一个特殊的问题。这么做可能导致的结果就是，许多人会对科学家到底是否认同气候变化心存疑惑。正如前文所引用的耶鲁大学气候传播项目2014年的报告显示，约三分之一的人（34%）的美国人仍然认为科学家们在气候变化是否真实存在上意见不一，而这在人数上几乎是从不相信气候变化正在发生的美国人的两倍（Howe et al.，2015）。

民意的动态有时候会被称为民意"气象"，指的就是民意有时候会像天气一样变化无端难以预料，因为一些我们尚不明确的因素发生变化且难以测算。人们所看到的不同人群的想法、说法，媒体报道和引用的内容，自己相信的内容或人，以及个人的自我认同等为人们在各种力量共同作用而形成的迷雾中穿梭并了解真相提供了指导原则。我们尚无法完全掌握这些力量的作用原理，但它们的影响不可小觑。

虽然媒体的作用未必如原先假设的那样，但它依然重要，且功能不止传递信息。虽然现在的趋势是强调双向沟通和深度参与的科学对话模式，但仍只有极少数人能通过亲身参与来获得科学信息、了解科学事务。哪些媒体能真正发挥作用呢？随着全球经济的变化和网络传播的发展，传统新闻媒体在很多领域正经历改革，不少报纸消失了，存活下来的往往预算紧张，经验丰富的能很好地报道气候变化的科学/环境记者也越来越少。这是个问题。

这些趋势会如何影响民意气象目前还无法确定，但会是个复杂的过程。虽然信息比以前丰富，但要在目前缺乏可靠守门人的信息环境中，将真相与谣言区分开来，或将新闻与公关信息区分开来，对人们的信息素养提出了更高的要求。博客、微博、社交媒体、电子游戏、视频网站、手机应用等推动了新的科学话语类型的产生，也促进了新的虚拟社交网络和社会身份的形成。在不断变化的媒体环境中，个人如何寻求并了解信息将会成为一个持续性的研究课题。

本书之后的章节将更细致地展开讨论这些问题。媒介化传播和人际传播将在气候变化或其他公共事务上作为重要的民意气象的驱动力存在。在我们研究新兴的信息和传播图景对个人的影响时，基于比个人更大的社会单位的分析是颇为必要的。民意气象是在群体层面上产生的，也是在群体层面上产生影响的，而不光是在个人层面上。社会运动也是群体现象。针对气候变化，我们也需要类似民权运动的善意的社会运动来推动社会进步。也许这个类比看起来有点怪，但考虑到气候变化可能会给那些身处恶劣环境中（如不断蔓延的沙漠、干涸升温的土地、被不断淹没的海岸带及越来越严重的暴风雨天气）的弱势群体带来的影响，也不难理解。

气候传播的目标

除了科学传播对对话和参与模式的重视及分析单位问题外，气候传播的目标是本书将讨论的第三大基本问题。科学传播的目的究竟是什么？这个貌似简单的问题下潜藏着一定的复杂性。科学传播的目的，如果不是简单的传递科学信息的话，是说服人们站到科学家这一边吗？近年来涌现出大量有关科学的框架研究[1]，这些研究认为通过说服的方式来传播科学问题能够更好地实现战略性目标。也许科学应该用一种与人们的日常生活更为贴近的方式来进行传播。也许科学家们应该更积极地参与甚至干预政策的制定，这就需要说服科学家们。科学信息是否应该为了实现特定的效果而有目的地进行发布呢？对很多人，包括很多科学家来说，这并不是个好主意。这种做法可能会有反作用，即当人们感觉到自己被信息操控后，会对自己接收到的此类信息和信息来源产生负面印象。毫无疑问，许多组织如小型的游说团体、大公司、政府部门、私人基金会、研究型大学或科学团体，它们进行科学传播的目的都是对公众进行说服。这些说服可能是这些组织因为自身立场而在某些科学争议中推动的，或是为了影响人们整体上对科学的看法而进行

---

[1] 框架作为一个学术概念有很长的发展历史，在发展的过程中也存在嬗变。这个概念被广泛地运用于认知心理学、社会学、政治学、语言学、经济学、传播学研究以及专业新闻实践中。此处所说的有关科学的框架研究考察的就是现有的科学传播中传播内容是如何经过策略性的建构并如何最终说服受众。

的。这些组织甚至可能真诚地以公众利益为出发点，试图推广某些科学信息，但他们确实都在试图说服公众。

在另一种理解中，科学传播的目的是在公众试图搜寻信息帮助自己确定政策立场，或在与自身生活相关的问题上有所决定时，为他们提供相关的科学思维和科学证据（如为公众提供有关营养学或地震风险的信息），从而作为一种手段来改进有关科学的民主管理。人们在这个民主目标该如何实现上也许想法不尽相同。是否只应传播那些已经"尘埃落定"的科学信息？因为不少人都认为除了学术会议之外，那些尚未经过同行评议的科学研究不应被讨论或报告。尚未到达成果阶段的科学研究是否可以提供给全体民众评估、思考和讨论？实验性的开放式期刊评审和与日俱增的科学博客其实已经在这方面有所尝试了。多元民主很大程度上是建立在信息的公开传播和自由言论基础上的。在这一点上，有关科学的民主是否会是例外？是否应该保留某些技术的细节信息不对外公布，例如某些可能被用于生产武器的技术？这么做听起来是很有必要的，但该保留到何种程度会是个难题。不论如何进行科学传播，作为目标来说，改进民主和说服他人本质上存在很大区别，而这两者在整体上是否兼容也未可知。

在传播学领域中，往往是公共关系专家与策略传播靠得更近一些，而新闻从业者则是在众多不同的观点中保持中间路线，从而保证意见市场的健康运行与民主的维系。但这两者之间并不存在清晰的界限。新闻业被描述为在例行且不加批判地"售卖"科学（Nelkin，1995），同时高度依赖第三方向媒体发布的新闻稿或策略传播者们提供的其他信息（Gandy，1982）。大学和政府部门的公共信息发布者和外联专家们也许真的是为了改善公众生活而发布中立的科学信息，但此类行为在某种程度上也是为了提高所在机构的社会声誉而进行的公共关系行为。随着互联网成为现代重要的信息传播媒介，信息发布和公共关系之间的界限变得愈发模糊。在后面的章节里，我们还会说到这种情况导致了信息消费者们需要具备新的更高的科学素养来分辨信息的好坏（Priest，2013）。

在现代西方民主中，新闻媒体扮演的角色是通过提供各方观点从而服务于民主。公民作为新闻消费者会成为这个意见市场中最后的真相仲裁者。要让每个人都参与到社会的公开讨论中并不容易实现，那么媒体上的公开讨论可以说是真实的社会讨论的替代品。虽然不是全体公民都有机会参与政治竞选辩论，但由于有线电视的存在（美国的有线电视会播放各类政治竞选辩论），人们得以间接地参与其中。媒体还会播放人们无法亲自参加的各类政治讨论，或是人们无法亲身到场聆听的政治候选人的公共言论，以及各种公民决议的结果。

新闻记者的专业训练教会他们不应片面地报道某一方的政治观点或意识形态，而应该公平地呈现各方观点和意见。但在有关科学问题的报道中，还需要考虑另一套事实追寻的范式。在科学共同体内部，所谓的事实通常由同行评议、重复试验及最终的科学共识来决定。这个过程有其自身的政治，且与科学共同体外的政治不太一样。记者在报道科学事实时，可能需要放弃在报道其他政治问题时"左"和"右"的立场，转而考虑科学事实的合理性、科学证据充分与否（Dunwoody，2005）、科学共识程度的高低等，并合理地理解科学不确定性。显然，这对于科学报道来说至关重要。不论是记者还是公众都需要更好的科学素养，从而更好地理解科学信息（具体请见本书第六章）。至于没有科学背景的新闻受众是否和科学家一样明白科学事实的本质则不得而知。

新闻记者要从伪科学中分辨真相并非易事，特别是当报道那些尚未最终完成的或被挑战的科学问题时。科学方法本身就是与时俱进的，今天人们所认定的事实也许明天会被发现是谬误。这也部分解释了为什么有些科学家们不愿意用百分之百肯定的语气来发表科学声明，也不愿意看到自己的研究成果卷入政策辩论。但这需要改变。不确定性确实会让公众在接受气候变化时有所迟疑。但今天尚未确定、明天也许需要进行修改的科学事实依然是当下人类科学水平的最大化，也是最合理的选择。

如吾辈所见，气候变化也许是一个迫切需要被传播的科学议题，留给人们的时间很有限。不论这是否意味着科学传播的首要目标应该是说服他人而非实现科学民主（这仍是个开放性问题），现实中我们看到了许多科学传播实践已在战略性地说服他人。这种情况导致了更深层次的也是很大程度上尚未被意识到的科学传播世界中的对立，这种对立可能会影响人们决定如何认知和传播气候变化议题。不论如何，公共讨论的重点已经从气候变化是否存在转变到了我们该如何应对气候变化，并让科学传播的研究范式也相应地发生了变化。

气候传播的前景

这一章所提到的三大主题会不断在本书中重复出现。这三大主题包括：（1）科学传播的焦点从缺失模式到对话模式的变迁，但两大模式仍密切相关；（2）科学传播研究过于聚焦个体而忽视群体；（3）科学传播的策略目标与民主目标间的紧张对立。近年来，美国国家科学院（U.S National Academy of Sciences）通过萨克勒学术计划关注并资助了大量科学传播中的科学问题研究。[1]鉴于科学传播领域的复杂性与常规研究路径的局限性，科学传播实践既需要人文又需要科学。而科学传播研究则需要由理论而非数据来驱动，不论是关于社会的理论还是关于个人的理论。科学传播实践者和学者们需要反思其工作的目标和伦理，关注价值和信念而不光是知识和情绪在人们决策过程中所扮演的角色。气候变化为我们提供了一个很好的机会在以上各方面进行更深入的探索。

---

[1] 具体请见http://www.nasonline.org/programs/sackler-colloquia/completed_colloquia/science-communication.html

　　本书的基本结构如下：接下来的第二章将更深入细致地分析为什么那么多人难以接受气候变化是真实存在的且很大程度上是由人类引起的，其中的核心原因包括个人心理、社会影响及当下国家及国际层面上的新闻发展趋势。对这些问题的分析也能够说明传播学研究，特别是将社会层面和个人层面都考虑进去之后的科学传播研究，能够对社会产生何种影响。第三章将考察公众是如何理解科学的及公众对科学的理解是如何被传播所影响的，特别是在个人层面上；并强调人们需要注意公众并不是一个笼统的存在，现实中可能存在许多不同的"公众"和不同层次不同形式的对科学的理解与参与。现有的研究已就公众如何理解和接受科学有所发现，但科学政治化、现代社会的多样化本质、人们在思考气候问题时的多元化价值观和想法所扮演的角色等问题仍有待进一步研究。第四章将讨论社会层面上的各种影响因素，因为不光是个人，还有各类组织机构，都在影响着社会对科学相关问题重要性的考量，也影响着社会如何定义和理解科学相关的问题。这里所说的重要的组织机构包括政府部门、科学团体、非营利性机构、非政府组织及专业协会，包括专业的记者协会。所有的机构都有对成员行为规范的要求，记者和科学家的专业准则与科学传播的相关性最强。第五章将会继续第四章的讨论，并重点关注变化，如人们正在经历的新的公共参与形式、新的媒体形式及新的科学传播形式；科学传播研究一直以来都颇为关注的科学家和记者间的关系变化；以往被认为被动的受众正在逐渐成为主动的信息寻求者等。第六章思考的是人们在寻求有关气候变化或其他科学问题的答案的过程中，哪些信息是有价值的。对科学研究的批判性思维能够帮助人们更好地区分哪些科学论断是可信的，哪些是可疑的。对以上所有问题的回答都需要基于人们对气候变化的认知及其应对思路不断强化的需求。理解气候变化很重要，但行动更重要。本书的第七章将把目光投向社会运动，因为媒介机构倾向于关注事件，所以当事件热度下降时就会减少对相关新闻的报道，而为了维系公众对气候变化的关注并推动社会性的改变，善意的社会运动是需要的。这些推动进步的社会运动都具有某些既定的基本特征。最后的第八章阐释了如果传播学研究能将关注点放到如何推动并维系集体行动而不再只狭隘地关注说服个人，那应该能为气候传播做出更大的贡献。这一点不光对气候传播有好处，对其他科学议题的传播也有好处。

第二章

气候变化：几不可察的灾难

为什么人们在日常生活中不那么关注即将到来的因为气候变化而产生的灾难，或者更确切地说，近在眼前的一系列气候灾难呢？为什么对大多数人来说，气候变化不是他们觉得需要迫切担心的问题？要解决以上问题，只关注那些对气候变化的怀疑或拒绝是远远不够的。因为即使是相信气候变化的人也未必会付诸行动来减少自己的碳消费或支持新的能源政策或技术。看起来人们都在等着别人去解决气候问题，但这不是任何一个"别人"能负责解决的问题，需要的是所有人一起来考虑、计划，并行动起来避免未来可能发生的最坏的气候状况，即使那样的气候状况在今天看来像是危言耸听。本章试图探究为何世界各地的人们，不论是美国人还是其他国家的民众，包括那么多相信气候变化的人，看起来并不那么担心全球变暖也未对此采取行动。

地球正在变暖，而人类活动是这一现象的主因。海平面正在上升，冰川正在融化，季节感变化了，暴风雨不断恶化，地球上的物种正在适应着这些变化——有些物种改变了栖息地，有些物种正在灭绝。地球低纬度地区的人口即将面临这些威胁，这种威胁对于发达国家和发展中国家并无二致。但对环境保护不完善的发展中国家来说，全球变暖的影响会更大。海岸线上的居民以及世界各地的农业和渔业从业者可能是最早感受到气候变化带来影响的。在不久的将来，所有人包括我们的下一代或下几代都将会感受到全球变暖带来的影响，如农业生产被气候变化打乱后导致的食物短缺、洪水、森林火灾、极端天气、一些物种的灭绝及人类作为气候难民的大规模迁徙。这些都不是天方夜谭，即使这些听起来像是好莱坞灾难片里的场景。人类如果还不关注气候变化，就将慢慢走向这样的未来。

从历史和进化的角度来说，人类是最具环境适应力的物种。人类的观察和学习能力以及通过语言和其他象征性符号进行沟通学习的能力，再加上在这些能力支持下人们世世代代不断积累知识并制造和使用越来越复杂的工具，这些因素共同构成了人类适应环境的基础。迄今为止，人类已经能够适应许多不同的天气和地理环境。曾有一段时间，特别是在冷战期间，人类生产和使用工具的能力，如生产核武器的能力，曾威胁到自身的生存，但迄今为止此类威胁似乎已经得到了很好的控制。这就说明人类能够控制那些复杂但可能威胁地球的问题，包括像核威胁这样由人类自己制造出来并曾看起来难以控制的问题。气候变化也是一样，虽然究竟该如何控制这一问题还未可知，但人类至少应该尝试对此做出改变。

工业化带来的污染，如大规模密集化的农业生产，正在持续危害着环境。但人们至少在认识和控制这些污染上有所进步。

虽然不断增长的世界人口不得不生活在日渐拥挤并充满压力的
环境中，一些地方甚至因为过度畜牧或人类活动的影响而开始
沙漠化，但不管怎么说人类还是在地球上存活下来了。虽然偶
尔会遭遇如埃博拉等突发传染性疾病的影响（这也与人类社会
的全球化有关），但现代医学有各种手段可以有效地延长人类的
生命并将控制更多的致命疾病。因为这些方面的成功，人类似
乎对气候变化潜在的影响不那么在乎，但我担心的是人类是否
过于自信了。

气候变化怀疑论与不作为

对于大多数人来说，要我们相信这个曾经哺育了人类并一
直被有效管理着的地球可能不会再以我们所熟悉的方式来哺育
人类了，而人类一直以来制造使用工具、思考并出于自身需要
重塑环境的能力将不再那么成功，或者说正是这些能力极大地
破坏了人类未来的希望。并不是只有气候变化的怀疑论者无法
全然了解气候变化对人类来说意味着什么、需要采取什么样的
行动来减缓气候变化（因为人类已不可能中止气候变化）。所有
人在气候变化问题上都难辞其咎，因为即使有些人已经在科学
层面上接受了气候变化论，但真正采取行动应对气候变化的仍
是少数。人类需要面对一大堆问题，如失业、恐怖袭击、短期

的环境危机、效率低下的医疗体系等。没有一个美国总统候选人是真正关心气候问题的。

为什么人们难以接受气候变化，也难以做出行动上的改变？这里既有社会原因，也有心理原因。过去，人类的工具制造、思考和沟通能力似乎很好地服务了人类的需求且在不断进步中。现代科学和工程学通过运用复杂工具和新的象征体系，如数学语言和计算机代码等，实现了对环境的控制。人类是高度智慧的物种，但这种智慧是带着代价的。人类的运行系统无法自行纠错。

功能主义这一社会学路径已经被很多现代学者所摒弃，因为它无法解释社会功能的失衡。社会可以被看作一个由很多部分组成的有机体，正如人体是由细胞、器官和肢体等组成的，社会则是由诸多的机构和社会规则共同建构起来的。一直以来，人们都相信这有利于社会稳定。对功能主义的核心批判强调社会本身并不稳定，充满了因为权力不平等分配而导致的矛盾及可能导致社会改革的压力。当发生问题时，社会系统无法自动自我纠错，这一点正好与功能主义所强调的社会稳定的内在假设相矛盾。人类无法立即解决气候变化问题这一事实就是社会失衡的证明之一，正如其他很多社会失衡一样与社会中的权力分配有关。化石燃料工业、现有的政府体系、大部分美国人（及现代社会人）的能源依赖型生活方式都是解决气候变化问题的强大阻力。要防止气候变暖，光让人们意识到气候变化是一个问题是远远不够的，我们需要走得更远一些，鼓励人们采取行动引导社会变化。

人们会拒绝与自己的核心理念不相符的信息，心理学家们将这种状态称为"认知失调"（cognitive dissonance），该理论由美国社会心理学家利昂·费斯廷格于1957年提出（Festinger, 1957），很多气候变化怀疑论者的表现即符合这种认知失调状态（Lorenzoni et al.,2007）。认知失调会呈现何种状态？例如，人们往往难以相信自己亲近的好友实际上是个骗子，所以会倾向于拒绝这样的说法，甚至有可能会怪罪说这话的人。同样的，人们往往不愿意相信地球上的生命正在遭遇前所未有的威胁，即使人们愿意相信，也会更倾向于逃避或忽略此类信息。当自己所珍视的信念被攻击时会感觉不快，人们会想要通过拒绝或忽略来找到慰藉，这就是所谓的认知失调，也是不论相信气候变化还是怀疑气候变化的人都可能会有的反应。对一些人来说，他们会拒绝一切与气候变化相关的论调。剩下的很多人可能接受了气候变化这一科学事实，但却试图不去担心这个问题，因为觉得自己的力量很渺小，改变不了什么，当然也因为每天都有很多更重要的事要处理。生活在日复一日地进行，每个人每天都有工作或是家庭职责需要去完成。政治、经济和意识形态驱动下的社会让人们每天疲于奔命，让人们为自己的成功而骄傲，却忽略了种种成功背后的不安和隐忧。拒绝气候变化的人坚定地认为气候变化并不真正存在，这多少也可能影响到那些愿意相信气候变化的人。

就像很多宗教人士也许能理解物种进化，但却无法接受这种论调，因为这与他们内心深处的世界观相冲突。人们能够理解甚至接受气候科学但却没有真正的行动上的改变。同时，现实中的政治力量不断尝试给人们提供他们认为重要的东西，如加大能源供应量、提供更便宜且安全的能源而非提倡降低能源消费量、提供更干净清洁的能源。现在的问题不光只存在于气候变化怀疑论者身上，而是所有人的共业。即使没有全然否认气候变化，但人们更愿意相信科技能够战胜这一问题，因为科技已经帮人类解决了其他无数问题。当然，科技在不断探索这方面的可能性，但不太可能存在这样一种简单的技术解决方案能帮人们全然解决气候变化问题。也许人类已经无限趋近，甚至可能已经达到了用技术解决那些人为导致的环境问题的极限。而智人（Homo sapiens）特有的能力中的第二大关键，即通过语言和其他象征符号进行沟通的能力似乎在现有的气候传播上也是失败的。科学家们所知道的气候变化的必然事实并没有得到公众的注意，即使是那些相信科学的公众也没有意识到改变的重要性和紧迫性。通过改进传播和沟通能否解决这一问题？传播学研究或其他的社会科学研究是否能够发现何种改变会是最有成效的？可以肯定地说，气候问题不光只有传播学上的挑战，但我们希望在此问题上有效的传播和沟通能多少克服群体性的对气候变化问题的逃避，更希望能在此基础上激发真正的改变。

解决方案之一就是要根本性地改变公众个人的能源使用方式和国家性、全球性的能源政策。但美国人已经习惯于既有的生活方式，应对气候变化需要做出的改变可能会是激进的，甚至会形成对经济、对人们既有生活方式及西方所珍视的爱我所爱、行我所行的自由传统的威胁。而发展中国家的人民则可能觉得现在轮到他们享受一下类似发达国家的能源浪费的生活方式了。那些积极地想要拖延公众对气候变化采取集体性行动的人，不管是出于何种原因，是因为自身的兴趣还是认知失调，不少都非常善于说服他人——远比大多数人缺乏沟通技巧训练的科学家们要善于传播自己的观点。当然，不应将应对气候变化、寻求改变的重任一股脑儿全放到科学家身上，但科学共同体确实需要在气候问题上发声，并确保人们能够听到。同样的，相信气候变化的人群也需要发出自己的声音。

还有其他一些重要的影响因素，如社会网络和社会环境（Yang & Kahlor，2013）。如果身边都是忙忙碌碌不关注、不谈论甚至不承认气候变化的人，我们可能也会近墨者黑。人是社会性的生物，当然容易被身边的环境所影响。同时，媒介环境也在随着技术进步和全球经济环境的变化而不断变化。技术、经济和媒介等因素共同造就了整个媒介行业的根本性重构。记者曾经作为信息的守门人存在，告诉人们哪些问题是重要的是值得引起关注的。但这样的信息机制在互联网面前不断溃败。不可否认，网络上的免费信息作为信息民主的基础是相当具有吸引力的，但这种机制在激发公众的集中注意力和行动上存在天然的缺陷。

气候变化的事实是如此可怕以至于大家觉得视而不见会更

好过一点。它让人们觉得焦虑、绝望、担忧、内疚。加入到气候变化怀疑论者的阵营中也许会多少减轻人们的不安和焦虑。生活不易，每天都有各种大大小小的任务等着人们去关注和完成。生活的需求，如满足基本的生活和社会需要、日常谋生、保证健康、抚养孩子、付账单、维持社会地位和个人自主等已经在我们人生的优先级上占据了重要的位置。在时下棘手的经济环境中，更是如此。那些抽象得看起来遥不可及的事务，如长远的地球气候问题，自然很容易被弃之在侧。人们总觉得自己能为气候变化做的微乎其微。在这种背景下，气候变化怀疑论者提出的地球气候周期性变化论自然更容易被人们接受。而相信气候变化的人也不一定会为了气候问题而有所行动。人们常常觉得自己什么也做不了，会有其他人来处理这些问题。

信息体系的改变

今天，服务于传统新闻机构的记者数量越来越少，但信息量却越来越大。各路人马，从民间活动家到激进分子，从科学家到理论家，都在出于个人或机构利益通过网络发布各种信息。虽然有不少人倡导并支持针对气候变化采取行动，但由于公众性的基于该人群的组织力量的缺失，保守的商业力量在气候问题的处理上依然占据主导。与此同时，虽然不少企业都意识到

他们可以通过在社会责任上勇挑重担来获取公众的支持，但由
于在气候变化问题上存在着民意分化，因此即使是社会改革派
的公司也不太愿意涉入该问题。近年来，节能型机动车似乎卖
得不错，是因为它同时满足了环境和经济上的节约需求。但更
贵的太阳能或风能发电则不那么普及，因为人们普遍担心这会
提高商业成本，让本就恶化的经济环境雪上加霜。商业力量通
过各种信息渠道，如新闻发布会、企业声明、商业报告和其他
信息工具等发布自己的观点，从而在新闻中占据一席之地并保
证自己的声音能被听到（Gandy, 1982）。事实上，可能很多机
构和个人都没有真正意识到自己在加剧气候变化中扮演的共谋
角色。即便如此，他们确实这么做了。

　　传统新闻机构认为应充分呈现不同的观点并提供平衡的报
道，从而保证改革派和反对派的声音都能被听到。[1]但这种平
衡的报道在今天经济上受限、技术上革新的媒介环境中供应不
足。要完成严肃的调查性新闻所需的时间和资源受限，很多新
闻有赖于第三方的提供，那么新闻自然也会受第三方所提供的
信息和框架的影响。新媒体的声音激增当然值得兴奋，但代价
就是传统新闻守门人的缺席。同时，在气候报道中，表面的或
虚假的平衡也是一个问题（Boykoff & Boykoff, 2004）。很多报
道气候变化的记者本身并非科学专家，对气候的真实情况也不

---

[1] 在不同的文化、不同的国家、不同的政治体系中，传统新闻机构的角色
及报道原则会有所不同，但美国式的提供多方观点的平衡报道是目前较为通行
的做法之一。虽然如此，美国有几个有线电视网络在报道中仍表现出明显的倾
向性，如有左派倾向的MSNBC和有右派倾向的福克斯新闻。

甚了解，为了追求新闻的"平衡性"，就会例行地在报道中除了引用科学家们公布的科学事实外同时加上怀疑论者的看法，从而实现所谓的平衡报道。这被学者和媒体批评家们称为"虚假平衡报道"（false balance）（Shanahan，2007）。虽然此类报道近年来有所减退，但仍然存在。一些不太适应报道复杂科学问题的记者也会尝试采取这种虚假平衡报道作为自我保护，这也是个问题。

在对新闻工作者和气象预报员进行更多的教育后，虽然此类虚假平衡报道不再那么普遍，但问题依然存在。由于极端天气和气候变化之间的或然联系，气象学家、气候科学家和其他专家通常不太愿意将极端天气现象全然归咎于气候变化。同样的，新闻工作者和气象预报员在报道一些极端天气现象时，如飓风卡特里娜、飓风桑迪、台风海燕、美国加州和澳洲的山火、北极冰川融化、许多地方史无前例的暴风雪和其他一些极端天气现象时，如果要将这些极端天气归因于气候变化，他们也有一定的疑虑（Carey，2011）。在互联网时代，无论自己的观点在实际生活中多么非主流，人们总能在网上发现有人支持自己的想法。无论持何种观点，网络都能够为人提供支持和陪伴，而人们也可以在网上自由地选择支持自己想法的新闻来源，从而不断印证自己的观点，并对自己的想法感到自信而非焦虑或不安。

迄今为止，气候传播已经让人们意识到了气候变化问题，但似乎仍然无法超越人类的自负来说服人们气候变化是一个难以察觉却又迫在眉睫的危机。即使人们认同气候变化的现实，但还是会有人觉得气候变化可以让自己的后代用未来的科技去处理。可惜也许到了那时候就真的来不及了。如果气候变化并非立时可见，如果接受气候危机对很多人来说在心理上并非易事，如果我们的亲友、朋友、同事中的一些人不接受气候变化，如果我们能够在网上或其他地方找到大量证据来驳斥气候变化，如果记者和意见领袖不要求我们思考自己在这个问题上的立场，如果我们不知道该到何处寻求建议或如何采取行动对抗气候变化（即使我们知道气候正在变化而人类活动是这一问题的根源），在这些情况下，即使人是理性的，可他们还是既不担心气候变化也不全然否定气候变化，这可以理解。对科学家们来说，他们所受的科研训练导致他们强调科学事实，并不断强化这种事实导向，但在科学传播的过程中，大众未必会和科学家们采用同样的视角。科学事实当然重要，但并不总能起到作用，或者说在传播中只有科学事实还远远不够。

气候传播研究的贡献与局限

气候变化为人们提供了一个很好的研究案例。通过这个案例，人们能够更好地理解在迫在眉睫的必要面前，信息传播和行动动员之间在个人层面和集体层面上的关系，而以往对这种关系的关注并不多。其实思考一下为什么人们对气候变化的认知有限，同时在气候变化问题上缺乏行动——这种困境映射出的是整个人类社会或者说人类作为一个种群存在的问题，也说明信息传播如何才能（或为什么有时候无法）有效地解决关键的社会问题。气候变化是一个社会问题，而不单单是科学问题，所以要解决这个问题我们需要的是社会性的行动。

在世界范围内，不少研究者正在研究气候变化的科学本质，有些学者则在试图理解如何更好地就气候变化问题进行传播。作为传播学者，我认为传播学界需要新的能够更全面地反映人类沟通和传播的内在社会本质的研究范式。

正如个人生活方式的调整，不管这些调整对应对气候变化来说是多么必要，都不可能是解决气候变化问题的全部答案。同样的，侧重考查和改变个人习惯、态度和思考方式的传播策略，不论这些传播策略在应对其他问题和气候变化问题的传播上是多么有效，单纯的传播都不足以应对气候变化作为一个全球性问题多层次的挑战。即使在广阔的社会背景下，个人层面应对气候变化的行为也可能被区别对待（如被鼓励或被阻拦），进而产生重要的影响。例如，所在区域是否广泛推广和实行回收利用会对居民个人的回收行为产生显著的影响。因为在美国境内既有推广和实行回收利用的地方，也有不这么做的，所以两者之间的对比清晰可见。谁也不确定是不是每一个有回收利用行为的居民都知道回收利用的重要性，很明显这些居民更多的是出于人性的本质要遵循社会共同的期望。此外，在那些对回收利用存在普遍性关注的地区，人们还会建设更完善的基础设施，如废水处理系统、回收奖励项目和其他相关政策等。在其他类型的替代能源上也是一样。不光态度，现有的技术和基础设施也会限制人们的选择。毕竟现在的人们生活在社会技术系统（socio-technical system）中，而不只是社会系统（social system）中。

通过既有研究，我们了解了传播学作为独特的社会现象在不同的文化、不同的社会网络中以及在大众或个人层面上的表现，知道了说服与社会价值之间的关系以及对信息传播者的信任和对信息的反应灵敏程度之间的联系，也明白了新闻业、广告业和公共关系业中社会机构的本质——通常以半工业化的方式为人们生产信息的组织。既有的传播学研究还考察了传播与政治体制之间的关系以及传播相关的政治经济学。这些研究都对今天的气候传播研究有所贡献。此外，其他的一些研究，如个体层面上对健康行为的采纳（如戒烟等）也有贡献。这些研究告诉我们过多的恐惧未必能够促使人们改变，这一点在气候传播中也同样成立（O'Neill & Nicholson-Cole，2009）。

虽然我们希望今天的气候传播研究可以有不同的思考，但这并不意味着要忽略所有既有的知识，我们希望的是出于不同的研究目的对既有的知识进行重构或重新组织。本书中的讨论也是希望能够让读者们思考如何让现有的各类知识和特定的案例，如气候变化的传播与实践挂钩，而非单纯关注某一类或某一层次的传播，虽然许多目标集中的学者倾向于这么做，当然这种行为很大程度上是因为他们要与自己所获得的学术训练保持一致。即便如此，现有的传播学研究中依然存在不少缺失。大量的环境心理学研究表明，在对环保行为的态度上，伦理或道德标准也是极为重要的(Bamberg & Moser，2007)。这一点在现有的传播学理论和实践研究中并没有得到足够的重视。正如传播本身，建立道德标准是一个集体性的过程，气候变化是一个关乎社会公义的问题。

区分社会与个人的不同

不少学者认为传播学作为一个研究领域起源于社会学，而社会学关注的就是社会群体，这一点在传播学研究中也得以延续。但正如本书在第一章中所说，在现代传播学的研究中，特别是与劝服有关的研究中，研究的焦点多在个体身上，群体只是偶尔被关注。这一问题也被同化到了科学传播研究中，特别是当科学传播的目标和形式接近策略传播或劝服时。研究者们不应忽略传播效果在个人层面上的体现，但也应将之与社会性的传播效果相联系，关注那些在个人层面上或实验研究中难以考察因此在既有文献中未被充分说明的传播元素。

这一点对于增强人们对集体行动的本质的学术性和实践性理解，构思集体行动如何最好地在气候变化问题或其他社会问题上发挥作用至关重要。社会不能被随意降维到个体，整体亦大于部分的总和。事实上，传播学者在研究大众媒体及其效果时，潜在的研究范式仍是基于个体场景的，如某人独自坐在电视机前接收信息。即使是在传播学的实验研究中，也通常把信息作为控制变量，以现成的学生为样本，这在很大程度上复制了以上研究范式。家庭网络、朋友圈、同事和社区在人们理解信息的过程中所扮演的角色被忽视了。[1]当然，实验研究，即使采用的是方便的学生样本，也能产出有意义的研究发现。只是这种简单化的研究范式无法抓住群体动态，而群体动态在有关气候变化的研究中特别重要，毕竟没人能单纯依靠自己的力量来阻止气候变化。

气候能够影响人类的生活和行为。人类文明和整个生态系统是在特定的气候体系下生存和发展起来的，这样的气候体系繁育了人类。人们的态度和想法也会在特定的社会气候中被鼓励、被抑制，甚至被湮灭，这种特定的社会气候就是意见气候。他人或群体的想法对人们来说是重要的。当人们表达想法时，通常会在意他人的看法，并有意无意地据此调整自己的表达。这并不意味着人们在隐藏或压抑不同的看法，即使确信自己的想法是属于人群中的少数派，还是有人会大胆直言（这在沉默的螺旋理论中被定义为"中坚分子"（Hardcore）和"前卫

---

[1] 当然，如果说家庭网络、朋友圈、同事和社区在人们理解信息的过程中所扮演的角色从未被重视，那当然是言过其实了，但这些因素在传播学研究中远未得到和它们在传播过程中的重要性相匹配的重视。

派"(Avant-garde)（Griffin，2008）。不论结果如何，人们在决定是否要表达自己的意见时往往会考虑周围的社会氛围，这种复杂的反馈机制能影响的除了人们的意见还有人们的信念。

从方法论上说，微观的个体想法产生于宏观的意见气候中，研究个体想法要比刻画意见气候容易得多。意见气候不是一个简单的百分比问题（如在很多民意调查中将个体意见相加得出结果），它既包括了对每个个体的地位、重要性、合法性、可信性和能力的考察，也反映了特定意见的显著度、在特定的社会团体内部特定观点的强度及人们对某些群体及其观点的认同度等。民意调查对那些参加选举的政治家们和产品广告商们特别适用，因为他们最为在意的就是个人的选择和行为，不论是个人的购买决定还是选举行为。人们常常希望能够在个人层面上改造健康行为或环保行为。但如果要在健康或环境领域形成人们意见、决定和行为上的改变，我们需要了解、考虑并且需要最终影响到公共社会环境，因为人们意见、决定和行为上的改变形成于特定的公共社会环境中。同样的，要了解或影响政治或政策决定的过程，需要考虑不同群体的行为，从政党到试图影响政府或其他权力机构决策的游说团体或组织，从政府机构到公司游说者。这些都不是个人层面的事。

我们所认为的周围人的想法很大程度上来源于人际交往和媒介内容。媒介效果研究者们通常认为媒介意见无法决定公众意见，但媒体对个人的影响不可否认，毕竟人们是通过媒体才了解到在自己日常社交圈外的人们是怎么想的，这是种间接但强大的媒介效果。同时，媒体帮人们区分不同的议题：哪些议题是合理的，哪些是不合理的或边缘议题。对气候变化来说，所谓的怀疑论调或反对论调，特别是那些有科学背书的气候变化怀疑论或反对论，即使在科学共同体中属于少数的异见派，还是会通过新闻的平衡报道被合法化。这属于典型的新闻对事实的歪曲，其后果可能包括对人们所能感知到的民意气候的扭曲。换句话说，即使是相信气候变化的人，通过媒介感受到的也可能是被扭曲的民意。

新闻客观性与气候变化的不确定性

即使媒体对民意的直接影响并不显著，新闻业及媒体集团对民意气候依然存在许多非直接的影响，这种对民意的影响也许比人们想象中的更频繁、更深刻。因为这不是一个短期的过程，所以无法通过实验或问卷调查复制出这种影响，即使是设计非常完美的实验或问卷调查也做不到。对很多问题的认知，例如对全球范围内有关暴力问题的民意认知，会随着时间不断进化改变。传播学者乔治·格伯纳（George Gerbner），也是涵化理论的创始人，认为高估全球范围的暴力程度可能导致真实的暴力泛滥（Shanahan & Morgan，1999）。如果人人都相信世界是一个暴力的所在，那么人们的防卫心理就会让他们在生活中更多地诉诸暴力。人们不再在晚间出门，不再对暴力感到惊讶或愤怒。也许人们会出于自卫而购买枪支，而这很可能会进一步加剧暴力问题。格伯纳担心这种生态[格伯纳将之称为"卑鄙世界症候群"（Mean World View)]将会让人们越来越多地把权力让渡给警察。在许多美国城市里，这一预言已经成真——荷枪实弹的警察被用于对付国民。

在美国和其他一些国家，新闻客观性通常意味着，因为任何事物都有两面性，所以要对新闻的"两面"均予以报道。这种表述新闻故事的两面、平衡处理信息的方式被认为是保持新闻平衡性的关键要素。当然，正如本书前文所述，这只是一种肤浅的平衡，但无论如何这是一种常用且备受尊重的新闻实践方式，通过这种方式新闻工作者能够顾全各方观点从而全面地叙述事实。这种方式被应用于报道各类新闻，包括科学新闻。应该说，很多情况下这种操作没有问题。但对于气候报道，长期来说，这种报道会让观众建立一种认知，即不相信气候变化的人也是持有合理观点的一派。对于观众来说，即使他们不认同这一点——相信气候变化、不认为对气候变化的否认是合理观点，这部分人也不会断然否认气候变化怀疑论或挑战周围人怀疑气候变化的论调。而如果观众本身就对气候变化心存疑虑，这部分人也会因为气候报道而固化自己的观点，认为气候变化怀疑论是另一种可行的观点。基于新闻报道，特别是科学报道，而在受众中建立的不确定性可能由此陷入自证预言（self-fulfilling prophecy）——正如格伯纳的研究得出的结论一样，电视节目中充斥的暴力内容会大大增加人们对现实社会环境危险程度（不安全感）的判断。

这种对事物两面性的报道体现了起源于政治报道并得以延续的一种新闻传统，这种传统在像美国这样的两党制国家中尤为明显。一直以来，美国的民主党和共和党各自代表了左右两派不同的政治利益。虽然近年来美国国内对建立一个独立于两党之外的党派的呼声高涨，也有一些切实的进展（如美国绿党），但想从两党政治过渡到多党政治的努力仍收效甚微。[1]媒介体系对应政治结构。那些拥有多个政党的国家通常拥有观点更为多元化的新闻媒体，如意大利。在和美国一样的两党制国家里，如英国，所谓客观新闻指的就是对两党的立场都予以充分报道的新闻。在这些国家里，新闻客观性需要取得左右两派之间的平衡。

鉴于美国新闻业对客观性的强调，在气候报道中加入有专业背书的气候变化否认者看起来就是很自然的操作，且能使记者免于新闻偏见的指责。换句话说，这种看起来"安全"的操作手法，同时也很好地在新闻中植入了冲突，而冲突是不论观众还是记者、编辑都乐于在新闻中看到的。且这种做法对于那些不确定科学共识究竟在何处的记者来说也是一种便捷操作。但对公众来说，这种操作无疑会导致明显的错误认知，让人们

---

[1] 2016年的美国总统大选也许多少打破了两党政治的平衡，因为美国绿党人士吉尔·斯坦在该年总统大选期间成为总统候选人，但这不太可能推动绿党成为美国的主要政党，也不太可能因此在美国社会中将气候议题推到更为重要的位置上去。

觉得科学界内部对气候变化本就存在大范围的争议。

除此以外，还有另一种广泛存在但极具误导性的新闻操作，即用一个单独的研究来代表全部的科学事实。对气候变化来说，这意味着，如果某个孤立的研究表明全球变暖的速度看起来正在放缓或非人为的原因对气候变化的影响更大，这些研究就会被新闻报道援引来作为事实进行报道。这反映了对科学共识本质的误解（具体请见第六章）。许多科学新闻是通过新闻发布会的方式到达记者手中的，这些新闻发布会往往由机构召开，负责筹办这些新闻发布会的是机构中负责公共关系的人员，他们的任务是推广所在机构产出的研究。单个的科学新闻报道往往是单个新闻发布会的产物，这反映了新闻生产的机构本质。大学、科研机构、科学社团都渴望能推广自己的研究成果，而在如今经济紧缩的媒介大环境下，越来越少的记者能有时间或资源进一步探究这些从发布会上来的科学新闻，看看它们是否反映了科学界的共识抑或只是孤立的个案。

正如民意气象会受媒介所传递的信息或借由媒介而得以合法化的意见的影响，有关科学的意见气象，如果从科学共同体外去看的话，在很大程度上也是一种媒介建构。科学家们本身在多大程度上会受到这种媒介建构的影响还不清楚，但科学家们恐怕也很难避免媒介建构的影响，特别是在他们理解那些非自己所在领域的科学问题时。因为绝大部分人都无法亲自检验媒介报道的科学事实的真实性，除非他们恰好有科学家朋友，所以媒介建构对人们科学认知的影响是真实存在的。

社会环境对民意的形成至关重要。新闻和信息当然重要，但人们需要通过一定的社会过程来理解新闻和信息。当2015年卡特里娜飓风袭击新奥尔良及附近地区时，部分人群迁出的速度明显比其他人群要快。那些在行动上落后的群体往往集中在贫困社区或少数族裔社区。但个人的知识程度并不是影响行动速度的主要因素（Taylor，Priest, Sisco, Banning & Campbell, 2009）。那些在行动上有所犹豫的群体并非缺乏必要的有关飓风的知识或信息，事实上这些知识和信息能够轻易地通过媒体获取。真正导致这些群体行动缓慢的原因在于他们缺乏与外界的联系。虽然这些贫困社区或少数族裔社区中存在着强大的内部社会网络，但他们并没有同等强度的外部社会网络联系，这限制了他们对飓风严重性的认识，虽然其他各方已经意识到了飓风的严重性。再加上一些其他的因素，如缺乏外在资源进行迁移、对把财物留在原地而人先行离开的担忧等，最终导致了这些群体行动上的缓慢。

尽管存在种种的不利，但最后是因为邻居、朋友和家人的影响以及可信的政治领导人通过媒体发布的讲话共同传达了一个信息——"现在大家必须要离开"，才促使新奥尔良地区的受灾人群行动了起来。这种动员和行动情况也说明，出于种种原因，集体性的想法会在某些社会群体中传播得更快。换句话说，光知道事实并不足以动员受影响的公民行动起来，即使是在迫切地传播了某些紧急信息，且这些紧急情况对传播对象来说十分熟悉时——在卡特里娜飓风之前，新奥尔良曾多次经历过飓

风天气，那些行动缓慢的群体从一开始缺乏的就是对卡特里娜
飓风特殊性的理解。

作为关键传播者的科学家与作为受众的非科学家群体

许多科学家，可能已经是非常好的老师了，却依然未必是
具有说服力的传播者。即使在今天的社会中科学家享有的信任
度很高，但那可能依然不够，正如我们用以证明气候变化的科
学事实还远远不够一样。但人们在气候变化问题上显然需要听
到科学家的声音。许多科学家本身也从事教学工作，但那大部
分是在大学校园里，他们教的学生要么是已经习得科学价值观
并熟悉科学语汇的理工科背景大学生，要么是来自其他学科但
按照学位要求必须完成科学类必修课的学生，即使死记硬背他
们也会把要点记下来。学生们在接受科学教育的时候可能会觉
得老师的课堂准备充分、讲课令人愉悦，在考试时可能因为记
住了课上所有的知识点而拿高分，但这并不意味着学生们通过
这些科学类课程或实验类课程就能充分了解科学的运行原理。
换一个场景，当这些科学家们在学术会议上或偶尔到社区公开
宣讲时，他们面对的听众不再是被要求而前来的，而是自愿参
加的，这些人可能本身就对科学很感兴趣。但不论是大学授课，

还是学术会议或社区宣讲，听众往往不需要科学家们利用科学
证据的价值来争取。

所以科学家们，包括那些对自己的工作内容具备了高超传
播技能的科学家，自然会试图通过更多地解释科学来解决有关
科学的舆论问题。但这种方法并不总是有用，且通常不太够用。
有吸引力的科学老师本就物以稀为贵，而愿意在大学以外进行
科普的更是少之又少。虽然有些媒体会邀请有吸引力的科学家
们参加节目，但这种机会并不多，且此类节目最吸引的恐怕仍
是那些本就对科学感兴趣的人群。受欢迎的科学题材电视节目，
以科学为主题的新闻报道、电影、小说、娱乐节目、杂志和其
他的流行媒体内容，甚至网络视频，如果做得好的话，都能提
高受众对科学的了解（Allgaier，2013）。有关气候变化的讨论
可以通过政府的倡议或各类活动，采用艺术或其他媒体形式，
在网络上和实际的人际交往中予以推进（Carvalho & Peterson，
2012）。换句话说，科学的声音可以通过许多方式来传达，但即
便如此依然不够。

我们的教育体系在推动批判性科学素养方面做得还远远不
够。人们要进行科学推断和科学理解，明白科学不确定性，并
在此基础上形成有关科学的合理意见，需要概念性和分析性工
具，但我们的教育体系未能可靠地给人们提供此类工具。关于
这一点本书在第六章中会进一步展开。当然，这并不是说需要
人人都成为科学家，就像不可能要求每个人都成为小说家或艺
术家一样，我们希望的只是每个人都对文学和艺术有或多或少

的批判思考能力。作为生活在当今科学技术密集型社会里的公民，在离开校园后，很多人很快就对科学感到厌倦，有些人则在很多年后才发现自己对科学的某些看法是错误的。只有让人们对科学是如何运作的作为一个社会架构有更完整的理解，才能让科学教育随着时间的推移发挥更持久的作用。而这也包括让人们知道"现有的最好的证据"（best available evidence）是我们目前能够进行科学判断的最好依据。

并非每个人都是科学家，所以社会中有关科学的信任模式很重要（鉴于大部分科学家的专业领域十分狭窄，这一点在科学界内部也一样）。与其他的社情民意一样，信任本身就是高度社会化的。信任模式会因为文化背景或个人情况而有所不同（Priest et al, 2003）。美国人大体上较为信任工业界而非各类社会团体，当然在一些环境问题上某些社会团体是被高度信任的。我们对气候变化的群体性反应不可避免地反映了这种情况。乌尔里希·贝克将现代社会描述为风险社会，在这样的社会中对各类风险的管理成为重中之重，甚至可以说对风险的管理成了今天社会行政力量的管理核心（Beck，1992）。虽然很复杂，但有关现代生活中各类风险的完整且准确的科学画面已经开始浮现，且已不再需要多加辩驳，如吸烟导致癌症、久坐引发疾病、开车需要系安全带、一些具有潜在危险性的人造化学物需要被管理或限制等。要怎么样才能把气候变化风险从暂定论断挪到公认事实？也许这还需要时间，只是人类未必有这么多时间了。

幸运的是，尽管存在各种各样的挑战，但大部分美国人相信气候变化正在发生。这就允许人们以社会的力量，与世界各地携手，共同推进并聚焦于鼓励集体行动，从而推动政策性的解决方案。新闻业及传播学研究需要聚焦于如何让这些发生。

气候传播与公众观念

当大部分美国人相信气候变化，甚至更多人希望出现能源方面的政策变化时，似乎并没有给相关的政治行动留太多的空间来实现变化。美国现有政治体制中的破坏性意识形态僵局几乎人尽皆知。许多问题需要改变，如公众单纯依靠媒体来理解主流的科学共识、人们在气候变化问题上的认知失调（与他人或自己固有观点之间的失调）、现代生活的高要求以及在传播学学术研究中对个人心理而非集体社会动态的过度重视。

我们要如何改变气候变化问题上的公共民意，从而快速升级有关气候的集体行动，对人类后代所居住的地球做出改变？一个像当今美国这样巨大且多元化的社会很难被轻易扭转到一个全新的方向上。要让全球共同行动起来更非易事，在当下可能更是困难重重。历史上此类大型议题的社会运动成功往往始于一些小型的民权争取，如女性权力的建立或环境运动等。在这些案例中，有关女性权力或环境权益的民意往往一开始被认为是激进的边缘议题，经过社会运动而逐步主流化或者说合法化。准确地说，这些战斗尚未取得全盘胜利，但确实在这些领域引入了一些变化。目前的问题是人们是否能在气候变化问题上有所行动，且行动得足够迅速，从而避免全球气候灾难或至少将此类灾难的可能性降到最低。

在环境运动的历史上，对污染、资源浪费和栖息地破坏的关注一开始只有一小撮激进组织在呼吁，发展到后来成为公众共同关注的话题且相关的思考也不再激进而更温和，最后通过政府法规和行政管理而被组织化，如在美国就成立了环境保护署（Environmental Protection Agency，EPA）。这样的变化发生在短短的几十年内而非几个世纪。蕾切尔·卡逊（Rachel Carson）以环境保护为主旨的专著《寂静的春天》发表于1962年，美国环境保护署由理查德·尼克松总统成立于1970年。当然，美国环境保护署并不完美，和所有的政府机构一样，它受制于国家政治及各类法规。在美国和世界上许多其他地方，环境问题持续发生，新的环境问题又不断涌现。但人们已经做得越来越好了，如流经美国工业腹地的俄亥俄州凯霍加河（Cuyahoga River）由于污染严重且充斥着垃圾而于1969年燃起大火，这条河也因此成为环境污染和人为疏忽的标志性符号，但现在凯霍加河已经逐渐恢复清澈，与一个世纪前的情况不可同日而语。垃圾回收行为不再被认为是激进的。有关气候变化的认知也在快速发展，但针对气候变化的社会改革仍进展缓慢。

气候变化较之于以往的环境议题是一个更为宏观且包罗万象的问题，与此相关的问题之一就是我们现有的社会架构——

我们的政府、私有机构和其他组织往往都围绕着自己的目标，且常常是环保以外的目标在运作。美国环境保护署负责管理二氧化碳排放，但该机构无法让法规立刻生效还需要经过联邦法院审核。气候变化不只与环境、能源利用有关，也不只是国际关系问题，它包括了以上所有，甚至更多其他问题。

既有研究总结得出的传播策略能帮人们解决问题。研究给人们提供了丰富的知识，告诉人们如何改变不健康的生活习惯，虽然基于研究进行的健康运动（health campaign）还是会有一些失败的例子。在某种程度上，研究告诉人们该如何说服他人投选票给特定对象、如何预测人类行为、如何引导人们的购买行为等。研究发现传播模式会基于社会网络模式发生。在说服他人上，大众传播很重要，人际传播也具有说服性，两者一旦结合效果更好。公众的个人理念是基于自己所感知到的民意气象所作出的反应，人们发现自己被嵌入在民意气象中，这在中介化传播和面对面传播中都有所体现。

但迄今为止研究在有些问题上仍未给出充分的回答，比方说用什么方式能让人们汇聚起来同意某些方案从而解决社会作为整体所共同面临的问题，如气候变化这种需要通过迅捷的集体行动来找到有效的政策脱困的问题。有关社会变革的传播学研究在某种程度上才刚刚开始。但现有的传播学研究已经在如何说服人们接受气候变化这一基本事实上提供了很多结论。与此有关的主要研究发现将会在下一章中进一步展开。

第三章
公众与气候传播

2009年，媒介学者马修·尼斯贝特（Matthew Nisbet）在文章中提出一个问题：美国是不是到了最终要面对和解决气候问题的时候？要解决气候问题，他认为，由于美国公众参与的程度看起来很低，因此有必要重新定义气候问题让其与美国各个阶层的公众都有所关联（Nisbet，2009）。这么多年过去了，人们似乎还在试图寻找气候问题的正确解决方案。在本章中，作者首先回顾了来自不同学科的研究，这些研究考察了为什么许多传播手段及传播上的努力都没能实现预定目标及应该如何改进。想要有所改进，有效传播的第一准则——了解受众当然不能忘。

在早期的大众传播研究中，大部分研究都基于同一假设，即普遍意义上的公众就是大众。在美国只有三个电视频道且没有网络的时代，这种假设是可行的。大部分人，至少在发达国家，除了高度本地化的信息和从个人人际网络中获取的信息外，每天接收到的是几乎一模一样的关于世界的信息。媒介体系是一元化的，类似美联社一样的国际通讯社带给人们的是同质化的媒介议程。时下人们所熟悉的一键获取各种不同立场的媒介声音在当时是难以想象的。到了今天，信息媒体的发达，包括互联网在内，导致大众传播中"大众"的概念开始过时，这一点本书会在第五章重点讲述。随着对人类多样性的认识不断增长，媒介的变迁已经吞噬了旧有的"大众"概念，因为其代指的是面目不清、无法确切描述的及高度同质化的群体。

考虑到媒介的变迁以及在传播中分辨关键受众和多元化公众的重要性，今天的许多传播学学者更喜欢用多元化的公众（publics）而非普遍意义上的公众（the public）来表达。那些参与传播实践的人，如广告商和政治竞选活动策略分析师等，通常也会更关注特定的目标受众或重要的公众群体而非普遍意义上的大众。这类新游戏被命名为目标营销，大数据和新兴媒介技术的结合为它提供了更为便利的条件。科学记者们通常是在为一些特定的受众写作或进行新闻生产，这些受众往往对科学议题有高出社会平均的兴趣。其他的科学传播者们可能分布在游说团体、大学、研究机构、民间智囊团、科学中心和科学博物馆中。所有的这些科学传播者们都对自己的目标受众有特定的了解。还有许多其他因素在影响着哪些媒体或哪些声音、信息来源和信息是最有可能到达公民个人并对他们产生影响的，这些独立的公民组成了各种各样多元化的公众。事实上，受众的复杂性一直都在。当传播从业者和传播学学者把受众当作单一的大众对待时，这种复杂性只是被粉饰了而已。

今天，许多寻求气候变化相关信息的公众，正如他们在寻找其他处于公共讨论中或具有高度个人相关性的信息时，是主动的信息寻求者，而不是传统大众媒体视角下所假设的被动的信息消费者。例如，环保活动人士很显然是关心气候变化的公众，也很有可能会成为主动寻求有关气候及其对生态环境影响的信息的人。公共健康专家会寻求有关特定疾病蔓延所造成的影响的信息。农业从业者，房产投资商，城市规划者，生活在海岸地区或易受飓风、森林大火影响地区的人，应急管理人员，房主和车主，自然主义者和公园管理员，老师和学生，所有这些人都会出于自己特定的实际需求来寻找信息。即使是那些否认气候变化的人都有可能会为了证明自己的观点而积极主动地寻求有关气候科学的信息。怀疑气候变化的公众也乐于到网上寻找信息来强化自己在气候变化问题上的逆向思维。有关风险信息寻求及其动机的研究还在持续进行中（Yang et al., 2014）。但有一件事是确定的，即信息、新闻和娱乐内容的消费者现在面前有海量内容可以选择，虽然他们到底是如何在这些海量内容中进行选择的还有待学习。

可以说，多元化公众中的每个人都为气候问题的公共舆论和社会认知做出了贡献。公共领袖和政治团体也有所贡献，虽然他们在气候问题上不是唯一有影响力的信息来源，但他们有莫大的权威。多样化的目标和向多样化的受众传播气候科学的努力夹杂在一起，由此我们看到了各种各样的科学传播和科普活动，从为了实现更好的民主实践需要改进集体能力而实施的非正式科学教育到为科学活动团体进行的组织筹款，从加大对科学的支持到持续提供有关争议性科学问题的发展现状，甚或是娱乐内容（如科幻电影和一些科学纪录片）。这些实践兼容并蓄，但这些实践本身及相关的多元化的研究文献也让人在分析时倍感疑惑，当然也更有可能让试图寻找信息的公众感到迷惑。在此背景下，要提炼概括性的有效的传播准则并非易事，但本章内容试图基于数量与日俱增的文献来寻找并呈现一些这样的传播准则。

传播准则的核心要义之一就是要认识公众的多样性，从多样的受众中分辨出传播需要到达的核心群体，并决定用何种方式来实现目标，这也是为什么本章内容始于有关"公众"的讨论。高效的策略传播者试图让信息直达特定的受众，比方说记者，他们希望新闻可以到达那些喜欢看自己所写内容的读者手上。但没人能决定谁会收到自己发出的信息，更不用说多样化的公众会如何理解这些信息，因此这种方法存在局限。即使我们希望自己的信息能集中发送给特定的公众，但还是应该考虑其他受众收到信息后会如何反应。在"气候门"（climate gate）[1]争议中，那些被黑客公开的邮件在受众眼里可能是气象学家试图操纵数据的证明，而在一些科学家眼里则是身为同行如何设计有效的传播内容的说明。

单纯的理解科学虽不足以引发深层次的改变，但增进人们对气候科学的理解仍是重要的目标，可不是唯一的目标。情感

---

[1] "气候门"（climate gate）指的是2009年11月多位世界顶级气候学家的邮件被黑客公开。这些邮件显示，一些科学家在操纵数据，伪造科学流程来支持他们有关气候变化的说法。此次事件让人们的关注焦点转移到气候变化的可信度上。

因素、对信源的信任以及对特定团体（如宗教团体或政治团体）在气候问题上的认同都具有一定的影响力。要减轻气候变化的恶劣后果，就要鼓励各种环保行为，而不仅仅是加深对科学的理解；要调整人们的生活方式从而减少经常性汽车出行并倡导更环保的出行方式；要让各种科技创新得以扩散，如能源节约型的建筑、设施和机动车，如更高效的交通体系和更具可持续性、更少温室气体排放的工业和农业生产方式。最重要的是我们要说服个人和群体来共同支持更广泛的政策变化，鼓励在发电时使用低碳的替换型能源，并在社区、州、联邦和全球层面上支持能源保护政策及减少温室气体排放的政策。应该说，在气候变化问题上并不存在适用于所有情况的同一解决方案，因此需要从各个不同的方向共同努力，如为不同的受众和目标设计不同的传播方案，如发展新的能源技术和可持续发展技术。增进知识是且只是众多对抗气候变化方式中的一种，光增进知识并不足以让人们赢得对气候变化这场战斗的成功。

在本章中，作者会整合近年来有关气候变化的公众思考及这些思考如何与以多样化的受众中的个人为对象的气候传播相关联的主要研究成果。相关研究表明，为了让受众有效地参与到气候变化的行动中来，传播者们需要让受众了解气候变化这一影响深远的问题可能导致何种后果（Stamm et al., 2000），但不应过多地强调可能引发受众恐惧的内容，因为这可能让人过于害怕而拒绝承认气候变化（O'Neill & Nicholson-Cole, 2009）。同时，由于现在有太多内容在同时吸引受众的注意，传播者们需要说服人们，让他们把气候议题作为重要的社会事务来看待，并共同分担责任（Patchen，2010），感到自己需要采取行动（Hart，2010），并相信这些行动将会是行之有效的（Feldman & Hart，2016）。此外，还需要让他们知道除了自己还有很多其他人也在同时采取行动（Bickerstaff et al.，2008；Etkin & Ho，2007），否则他们可能觉得自己的行动是徒劳的。要实现这些目标，传播者及传播学学者们需要了解气候变化问题与人们深层次的政治观、文化观甚至宗教观之间的联系。

公众理解气候科学

全球的科学公共体已普遍承认气候变化正在发生，且人类活动是导致这一现象的主要原因，但还有部分公众不愿意接受这一观点（Borick & Rabe，2010；Gifford，2011；Weber，2010）。虽然大部分美国人接受了气候变化的事实，但他们对气候变化的原因仍不甚明了。2009年，学者Doran和Zimmerman通过问卷调查发现，96%的气候专家相信全球气温呈现上升态势，97%的气候专家认为人类活动是全球变暖的主要原因。而最近的研究表明，虽然长久以来一直呼吁要改进科学教育（McCaffrey & Buhr，2008），但至今仍只有48%的美国人同意全球变暖主要是由人类活动导致的（Howe et al.，2015）。要让整个社会在生活方式和能源生产上发生重大的改变，多样化的公众需要共同理解并接受气候和人类活动之间的关系，特别是气候与能源生产和消费方式之间的关系。

人们对气候变化后果的认识程度及对气候议题的参与程度完全取决于个人。考虑到不同的公众对科学的兴趣程度不同，这并不难理解。根据美国国家科学基金会（U.S. National Science Foundation，2014）的数据，五分之四的美国人表示他们对"新的科学发现"感兴趣。但据科学素养专家 Jon Miller（2013）研究，所谓热心科学的公众，即那些对科学最感兴趣的人，大约只占到美国人口的五分之一。在过去十年中所进行的大量有关公众多样性及其后果的研究证实，我们很难用一种简单划一的方法来改变所有人在气候问题上的想法和信念（Wolf & Moser，2011）。不过我们并不要求每个公众都对有关气候科学的所有问题都事无巨细地了解，他们只需要了解气候科学的基本知识，并接受气候变化可能的后果。在这个问题上，对科学共同体的信任也许和科学知识本身同等重要，这一点还会在后文中展开讨论。

从1992年到2009年，美国人对气候问题的理解呈现不断增强的态势，人们不再把臭氧层空洞和气候变化混为一谈，也有越来越多人了解到能源使用是导致气候变化的主要因素（Reynolds et al., 2010），但还是有很多美国人不知道大气中的二氧化碳浓度因为化石燃料的使用而不断升高。因为气候变化本身及其与人类活动之间的交互作用极为复杂，公众自然容易产生疑惑。这些疑惑部分来自人们对气候体系是如何运作的存在的普遍性误解以及围绕特定后果在统计学意义上的不确定性（Weber & Stern，2011）。当然，拒绝承认气候变化的群体也或多或少地增加了人们在气候变化问题上的疑惑（Oreskes & Conway，2010）。[1]

许多美国人也许对气象学家所使用的研究方法和研究模型不怎么了解，他们会用在日常生活中观察到的现象来验证自己关于气候变化的观点（Borick & Rabe，2010；Li et al.，2011）。这一点不难理解，也说明了向人们展示气候变化正在他们身边发生的重要性。不过，当人们太过于依赖个人观察而非科学依据判断气候变化时也可能会有问题，因为有些观察会被错误地理解（Weber，1997）。那些相信现在的气温比以往更高的人比那些觉得现在的气温更低的人更有可能相信气候变化（Joireman et al.，2010）。不幸的是，这种思维方式可能会让人们越来越不关注气候是否变极端或风雪是否变频繁，而偏偏这些现象也是气候变化的一部分，是因为历史气候模式被扰乱才会出现。

与此相关，正如部分学者所指出的那样，大部分人会混淆"天气"和"气候"这两个术语。天气指的是在某个特定时间点

---

[1] 很难判断拒绝承认气候变化的势力在多大程度上影响了人们对气候变化问题的正确认识。当然，对科学不确定性感到不适且对气候变化可能带来的深刻后果感到不适的人群是最容易被影响而拒绝相信气候变化的（具体请见本书第二章）。但现在最重要的是在人们认清气候变化的现实后，在个人和集体层面推动他们积极地采取行动应对气候变化，而不是太过聚焦于纠正反对派的错误观点。

上的气温和大气运动状况，而气候指的是在一个较长的时间段内的典型天气或大气平均状况。天气被认为是自然发生的，在巨大的范围内发展且不受人类影响。这些特点也许让人们觉得气候变化和天气一样，在很大程度上是不可控的（Bostrom & Lashof, 2007）。事实上，天气和气候之间的区别是非常微妙的。当单个的天气事件在很大程度上不可预测时，为什么人们仍能大致预测出气候模型和天气在未来可能的变化？要回答这个问题，需要人们对概率论及由概率论衍生出来的预测模型有所了解。不过，恐怕很多人都会对此类证据感觉不适。

除了这些坏消息之外，还有一些好消息值得一说。虽然在对科学最感兴趣和最不感兴趣的美国人之间以及在最具科学知识和最不具科学知识的美国人之间仍然存在极大的差异，但至少在传播气候变化上已经有了一些重要的进步，虽然进步的速度也许还不够快。在传播气候变化上有所进步当然重要，考虑到民意气象的动态，让社会尽可能多地看到这些进步也同样重要。当人们知道气候变化的基本科学已经被科学共同体和多样化的公众所接受时，所有人都更有可能被激发出责任感而采取环保行动并支持社会性的环保运动。人们并不一定要懂得统计学原理才能接受这些有关气候变化的基本事实并有所行动。

科学传播者们应该继续强调，虽然某些特定的气候影响（例如某些天气事件）可能无法完全被预测到，但这并不意味着气候本身是完全未知的或天气和气候之间不存在任何关系，因为有时候新闻报道会作出此类暗示。[1] 为了准确地报道科学问题往往需要加入有关不确定性的内容，但有关特定预测的不确定性（如用来预测即将到来的干旱情况的气候模型的不确定性或预测飓风登陆后行进方向的不确定性）和有关科学现实的不确定性之间存在很大的差别。在有关后者的不确定性上，我们期望可以看到更多改变，这一点也值得被强调。

影响公众理解气候变化的因素：政治观、世界观与价值观

多年来，我们已经认识到有关科学问题或风险的态度和想法并不只基于现有的科学知识而已。早期提出这一观点的非常有名的研究之一就是保罗·斯洛维奇(Paul Slovic)发表在《科学》期刊上有关风险认知的文章。在文章中，保罗·斯洛维奇提出了风险认知的心理测量范式(Psychometric Paradigm)，认为风险认知的程度与许多不同的因素有关，如是否自愿暴露在风险面前、该风险是否被视为致命的风险（即可能导致灾难性后果和极高死亡率）、风险是否被充分了解及是否可控。当然，气

---

[1] 新闻的此类暗示往往是在回应科学家们解释特定的个别天气事件不能完全归因于气候时作出的，科学家们的这种解释在某种程度上是正确的，但可能会对人们有所误导。

候变化所可能引发的最坏场景是无法允许人们自己控制要不要暴露在风险面前的，且气候变化显然有潜在的灾难性后果，最终可能影响到世界上大部分的人口。气象学家们可能已经了解了有关气候变化的方方面面，但普通公众仍无法理解或接受它，更无法明白地球的气候本身就处于不断的变化中。对公众来说，气候变化的风险也许并不是可控的，事实上，人们在气候变化中可控的因素已经越来越有限。这些因素让气候变化作为一种风险是极端的，事实上在很多观察家眼里，气候变化确实极端。

要了解公众对气候的认知，非常重要的一点在于明白这些风险因素没有一个是狭隘的只与科学有关的因素。换句话说，它们并不只是基于针对有关风险特征的科学证据的理解。事实上，它们反映的是基于价值观的判断和社会性观察，虽然这些判断和观察也许并不清晰或被具体言明。要注意的是，这完全不应该被理解为人们在应对风险时是非理性的，虽然人们对气候变化的反应确实包含了复杂的情感因素。实际上，人们在判断风险的严重性时会凭直觉将社会因素包括在内。如果风险的波及面大，后果严重，且人们对风险的共同理解或控制非常有限，那么往往此类风险的被关注度会更高。保罗·斯洛维奇之前的研究中某些影响因素也许需要有所改变，研究也许会发现新的影响因素，但至少这些研究都共同说明，除了科学本身之外，还有其他因素会影响到公众的态度。

有意思的是，在气候问题上，这些为社会心理学家和风险认知研究者所熟知的对风险严重性的说明可能导致不少人会转而拒绝接受气候变化。要研究人们究竟是如何成为否定全球暖化论的人并非易事，[1] 目前作者对此也缺乏全面的了解。但大量的研究都表明，在美国社会中及其他许多地方，较为常见的能影响人们对气候问题判断的因素往往不太会是教育程度或科学知识程度，而是人们的个人理念、世界观和价值观（Kahan et al.，2011；Poortinga et al.，2011）。在许多国家，气候变化已经变成了一个被赋予了政治色彩的争议性议题（McCright & Dunlap，2011；Weber，2010；Weber & Stern，2011），那些支持并赞助反对立场的人（如某些政治候选人或时不时出现的某些持不同见解的科学家们）看起来更愿意继续利用这种极化的状态。

气候变化给人类生活带来的风险，和不断升高的全球气温的负面生态后果一样，都是人们难以想象的。有学者将对气候变化的风险认知看作人们对潜在威胁评估的结果，这一认知的过程包括了对自身及朋友、家人、邻居、同事等可能造成的潜在负面影响的评估（Reser & Swim，2011）。这一思路也很重视社会因素——对潜在威胁的评估包含了对潜在成本、社会心理及某些威胁可能带来的物质利益影响的考量，也可能被传播因素影响，如与他人的对话、媒介报道，两者在协同作用下会对民意气象有所贡献。随着风险被媒体报道及在网络上被讨论，

---

[1] 此类研究不容易做是因为技术上不太可能从人们一开始还未决绝地否定气候变化的时候就去测量他们究竟把气候变化的后果想得多严重。这个变化的过程不容易把握。学者们通常较能把握的是人口统计学变量而非自然意义上随时间慢慢显现出来的反对立场。

风险可能会被社会性地放大或降低（Kasperson et al., 1998）后呈现出集体性的看法。我们尚未全面掌握某些风险是如何被普遍地夸大或忽略的，[1]但显然气候对个人及家庭的影响已被发现是一个重要的社会因素。在气候变化问题上，风险的放大和降低都存在，具体取决于多样化的受众是如何看待气候变化的。

　　既有研究已经证实个人对气候变化的看法与他们的政党属性及意识形态有关（Hamilton，2011；Malka et al.，2009；McCright & Dunlap，2011；Zia & Todd，2010）。事实上，这一点并不让人觉得意外。相对来说更微妙更让人意外的是，气候变化政治化的研究发现，对民主党人来说，教育程度和有关气候变化的知识程度与他们对气候变化的相信度和关注呈正相关，而对共和党人来说则呈负相关（Zia & Todd，2010；McCright & Dunlap，2011）。民主党人和共和党人在气候变化问题上的鸿沟在过去十几年里已经越来越显著，虽然还是有不少共和党人相信气候变化。简单来说，将气候变化建构为一个在科学上充满争议和不确定性的问题会导致一些人在接受相关信息时很大程度上由其政党属性来决定其对信息的处理（Krosnick et al.，2000；Wood & Vedlitz，2007）。当人们在某些问题上接触到的都是充满矛盾和冲突的信息时，通常会信赖自己所信任的政党领袖在这些问题上的看法。气候变化就属于此类问题，所以这个结果也许并不让人意外。

---

[1]　所谓的忽略指的是与专家的风险评估相比未得到足够的重视。

不论如何，这样的僵局并不是一个不可避免的结果，人们对此也并非完全束手无策。学者们建议要超越此种党派差异，需要人们更为关注除党派之外的群体影响，如种族、民族和文化认同等，也要相应地改变自己的传播策略（Pearson & Schuldt，2015）。气候变化问题已经越来越多地卷入各种政治议程（Carvalho，2010；Moser & Dilling，2007)，要重塑该问题的公共呈现需要气候传播者们来努力改变有关气候变化的公共话语。人们在气候变化问题上的知识水平和关注程度不光与政治因素有关，还与其他人口统计学变量如年龄、性别和种族等有关（McCright，2010；Wolf & Moser，2011)，但政治因素仍是最有力的影响人们如何介入气候变化问题的人口统计学变量(McCright，2009；Borick & Rabe，2010)。最近的一些研究也证明，不论是在相信还是不相信气候变化的人群中，政治因素对人们有关气候问题认知的影响力都不容小觑（Leiserowitz et al.，2014）。政治极化仍在持续发生，这一状况恐怕难以轻易发生变化。

美国人对社会经济和管理体系的看法当然与其政党属性有关，政党属性也会影响人们如何看待气候变化问题、如何评估实施中的应对措施。要解决气候变化需要新的规章制度、奖惩措施等来强行减少温室气体的排放，因此需要改变当前的体制，而那些在意识形态上反对此类改变的人（如保守人士）不太可能会支持减轻气候变化的努力（Gifford，2011）。Fegina等学者用"制度正当化人士"来描述那些为当前社会现状辩护，使之正当化，并努力保卫这套制度的人（Fegina et al.，2010）。保守派和共和党人更有可能成为"制度正当化人士"，而民主派、科学家和环保团体则更倾向于批评既有制度（McCright，2011）。

但仍有机会改变这样的状况。研究发现，不论隶属于哪个政党，那些生活的地区曾经历过被改变了的气候体系如日益减少的降雨和严重暴风雨的美国人比其他地区的人更有可能关注气候变化（Borick & Rabe，2010）。该研究发现，生活在密西西比地区这一近年来遭受过多次强龙卷风袭击区域的共和党人相信气候变化的比例比整个共和党或民主党中的比例都要高。研究者们认为这些研究发现说明，共和党人对气候变化的怀疑与其对媒体和政府的怀疑如出一辙，都依赖于个人的经验和观察。不论对气候变化的信念究竟是如何形成的，这个研究都提供了引人深思的证据表明对气候变化的否定能够有效地被实际的生活体验所挑战，由此也再度印证了将气候变化与个人可观察到的气候变化对真实世界的影响这种直接生活体验联系起来会是一种至关重要的传播策略。

信念体系或意识形态本质上并不完全与政治有关，也可能与宗教有关。大量研究表明人们对气候变化或其他社会议题的关注通常反映的是他们基于信仰而形成的看法（Hayhoe & Farley，2009；Wardekker et al.，2009；Wilkinson，2012）。宗教信仰决定了人们是否相信自己能够改变地球的天气或气候。许多人将天气事件看作"上帝所为"（Bostrom & Lashof，2007）。这种听天由命的思路会影响人们在能源利用或其他相关选择上的看法，因为一旦相信世界上存在着更高级别的能量来决定气候，就意味着人类或政府会被认为无法控制、影响或对上帝之手负责（Wolf & Moser，2011）。

当然，宗教的影响并不一定是坏事。比方说，在某些对科学家群体信任度较低的群体中，宗教领袖成了这些群体在气候变化问题上最信任的信息来源。许多宗教团体，包括基督教在内的一些团体，认为人类拥有对地球的管理权，这也继而暗示人类有保护地球的责任。致力于提高公众对气候变化的了解度、关注度和行动力的科学家和科学传播者们当然可以谋求被信任的宗教领袖的帮助来强化信息的传播力度。

应该说，政治属性或宗教属性都无法全然解释人们对气候变化的反应，虽然两者都对此有所影响，但都不是唯一影响。在可能的影响因素上，机会和挑战并存。其他重要的影响因素包括信任模式、效能感（拥有"行动是重要的"这一信念）及责任感等。这些影响因素都有助于改进传播，从而鼓励人们更多地投身于改变中，也由此为传播学研究提供了新的发展方向，让学者们不再过于单一地只关注现在在气候问题上的政治极化倾向。

影响公众理解气候变化的因素：信任与效能感

如果不讨论信任和效能感这两个危机传播中的核心概念，前文的讨论可能并不完整。在危机传播的文献中，信任模式常被用来解释人们是如何看待与危机相关的公共事务的。例如，用教育差异或知识差别无法全面解释欧盟公民对各种形式的生物技术的不同态度及欧洲人和美国人对生物技术的不同态度，这些态度上的差异还与不同国家中人们对一些关键力量，如环保主义力量，农业界、工业界、政府等的信任有关（Priest et al., 2003）。目前所能观察到的对每两个不同团体（如对环保组织和工业界）的信任差异似乎是最有力的解释力量。此类信任差异比对某一群体的信任程度更能解释人们的文化态度。例如，相较于环保组织或消费者组织，美国人似乎更相信工业界，这在某种程度上解释了为什么美国人对食品生物技术的支持程度比欧洲人更高（Priest et al., 2003）。[1]要说明这一研究发现，直觉性的非常有道理的一个解释就是，信息消费者会部分地基于自己对不同力量的信任程度来衡量那些具有竞争性的消息，从而在争议性问题上有所决定。另一种对该研究发现的解释是

---

[1] 这意味着在对农业生物技术的态度上，单一的全国性的对如环保团体的高信任度的影响力会比当这种高信任度与全国性的对工业界的低信任度结合后的影响力低，反之亦然。换句话说，信任模式的影响力比人们之前预期的更为复杂。

信任可以作为一种"启发式的线索"（heuristic cue）或标记来帮助人们梳理各种观点并决定哪种观点可以为我所用，在这里信任作为一种通过注意力来促进行为改变的非侵入性影响因素存在（Dunwoody & Griffin，2015）。换句话说，在人们浏览各类信息的过程中，信任成了人们在认知的十字路口上十分重要的路标。在美国这一信息富余社会中，和世界上所有其他信息富余社会一样，人人都会面临信息过载（information overload），因此也前所未有地需要像信任这样的线索来帮助自己更好地获取信息。还有学者发现在人们对某些危害知之不多时信息同样非常重要（Siegrist & Cvetkovich，2000）。

个人对专家及其所提供信息的信任在形塑人们有关气候变化的看法时扮演了极为重要的角色。Malka等学者发现对那些信任科学信息的人来说，越了解气候变化的知识，对气候变化的关注度越高，但对那些不信任科学家的人来说显然并非如此（Malka et al.，2009）。对那些期望科学家能出面说服他人的人来说，他们更容易接受科学家的说服，但对那些认为科学家的角色就是简单传播信息的人来说，则不那么容易接受科学家的说服（Rabinovich et al.，2012）。简单来说，科学家作为被信任的传播者，其传播效力是相当可观的；但对那些不相信科学及不相信科学家的人来说，其他类型的信息传播者可能更为有效。

长久以来，传播学者已经意识到人际传播至少和媒介化大众的传播是同等重要的，但科学传播领域仍需要更多与此有关的研究（Southwell & Yzer，2007）。本书在第二章中已经讲述了一个例子，即在卡特里娜飓风要吞噬新奥尔良市而居民要决定是否撤离时，很多时候是人际传播与大众媒介传播在共同决定人们是否撤离（Taylor et al., 2009）。社交媒体的说服力很大程度上源于其和面对面的人际交流相似，虽然在很多平台（如推特、脸书或其他社交媒体）上一些信息实际上是基于大众传播的模式来发布的。信任很有可能是人际传播具有说服力的基础之一，这个问题也很值得学者们更多地关注。

信息很重要，信息的传播者也很重要。只有当信源被高度信任时，人们所获取到的气候变化信息才会更为有效。在此基础上，Villagran等学者提出医生、护士或其他医疗服务提供者也可作为可信任的气候变化信息来源（Villagran et al., 2010）。他们的研究发现病人的健康素养越高就越有可能投身于减轻气候变化的行动中。其他学者也发现对政府及相关机构的公共信任度会影响人们对减轻气候变化的努力和对政策的支持度（Lorenzoni & Pidgeon, 2006）。可以说，对特定的信息传播者及行动者的信任对成功的气候传播来说是最核心的影响因素。

在气候变化问题上，电视及其他媒体平台上的气象预报员也是重要的信息传播者之一。虽然只有五分之一的美国人对科学感兴趣，但人人都关注天气情况，这就导致气象预报员成了所有科学新闻工作者中公众关注度最高的（Wilson, 2008）。因此，对气候传播来说，气象预报员是一个极为重要的传播者群体，需要他们将气候信息纳入日常的天气预报信息中进行传播。气候传播者和传播学学者也应该认识到气象预报员这个特殊群体在实现广泛的受众到达方面的关键作用。针对气象预报员的科普教育还在不断发展中，而这也为大学的科学家们和气象科普人员之间的合作提供了新的机会。[1]

如果没有说明气候变化实际的本地化影响的信息，人们更有可能会认为气候变化风险远在未来，离自己非常遥远，这被一些学者称为"风险判断贴现"（Gifford，2011）。此类想法很好地揭示了为何许多人在气候变化问题上缺乏关注和行动。2005年的一项研究表明68%的美国人最关心的是气候变化风险对世界范围内的人和物的影响，只有13%的人最关心其对自己和家人的影响（Leiserowitz，2005）。另一个最近的研究也有类似的发现，大部分美国人相信生活在发展中国家的人比自己更有可能受到与气候变化相关的健康风险的影响（Akerlof et al.，2010）。这种认为气候变化的影响离自己很遥远，相对不太会影响到自己的想法是有问题的，当然这种想法能降低人们在此问题上的紧迫感。

由于气候变化是一个全球性的问题且影响深远，人们可能更倾向于觉得自己作为个人无法影响到气候这样宏大的问题，且是他人而非自身需要对此负责。只有当人们明白如果自己不及时行动，那么气候变化的负面后果就可能会影响自己和他人时，才会积极地行动起来。个人责任在某种程度上是种道德感，

---

[1] 例如，《华盛顿邮报》于2015年3月9日发表了一篇由两位非常有名的大气学家共同写作的文章，来说明目前的气候趋势下越来越高的气温和越来越多的降雪之间的关系，当然《邮报》一直被认为是华盛顿地区的气候变化支持者。

这种道德感源自个人的道德规范意识（Weber & Stern，2011）。由于气候变化问题的复杂性及其发生的规模和全球性影响，人们往往难以理解自身有关气候变化的行为和他人幸福感之间的关系，且觉得气候变化是个人难以承受的问题。

英国学者发现人们确实觉得自己对气候变化负有责任，且有责任采取行动来缓解气候变化（Lorenzoni et al.，2007）。相关研究也发现效能感，这一被认为能影响人们是否实施健康行为的重要因素，对人们在气候变化问题上是否采取亲社会的环保行为也有所影响——人们的自我效能感越强，就越能紧迫地感到需要在集体层面上采取行动（Koletsou & Mancy，2011）。还有学者发现效能感除了能增强人们的希望外，还能让人更多地投身于有关气候变化的政治行为（Feldman & Hart，2016）。提高人们的社区归属感，让他们相信自己的行为是集体性的缓解气候变化努力的一部分，能让人们更相信自己的行为能改变世界（McKenzie-Mohr，2011）。[1]

正是因为集体行动与个体效能感和集体效能感之间存在的联系，本书对理解社会性讨论、行动和解决方案而非个人的行为在创造将应对气候变化当作首要任务的民意气象中扮演的角色更感兴趣。2015年12月在法国巴黎举行的联合国气候大会

---

[1] 有意思的是，许多立足美国本土的研究都发现越了解气候变化、越相信科学家科学理解的人对气候变化的关注度和责任感越低（Kellstedt et al.，2008）。也许了解得越多，越让这些人感觉自信，认为气候变化是可能被解决的或正在解决中。当然，也许对此研究发现还存在其他的解释，需要更进一步的研究来说明。

（COP21）上，各国代表都承诺要有所行动，因为行动才是应对气候变化最重要的一步。世界各国都已致力于集全国之力来作出改变，这种投入是真实可见的。无论如何，集体和个人两个层面需要协同发力。没有个人的投入，集体性的解决方案就无法发挥作用；如果只有局部的个人行为而缺乏集体性的投入，应对气候变化的战斗也无法取得全面的成功。

人们在气候问题上的态度、想法和信念受一系列因素的影响，如知识水平、信息量、意识形态、宗教、政治属性、情绪、信任和效能感等。这些因素多少都能影响人们获取并理解有关气候变化的信息，但这并不意味着应该把隶属于特定宗教或政党团体的人看作我们应对气候变化的敌人，现实远比这更复杂微妙。一些高度宗教化的人士同样非常致力于对地球的管理和对气候的责任，一些政治上的右派人士也和大多数人一样关注环境和气候。在和这些群体沟通的过程中，不应该设定他们对气候问题抱持负面的态度，而应该寻找能够将气候问题和他们的世界观相关联的点——这种方法可以被广泛地应用于和各种不同的公众群体的交流。

下一章内容的重点将从如何说服公众转移到对正在改变的社会环境的考察，这种社会环境的改变也会影响到气候信息的传播和气候意识的推广。为了实现更广泛的社会变化，个人行为和集体环境需要结合在一起进行考虑。

第四章
气候传播的社会生态

　　上一章强调了理解个人有关气候变化的认知、态度以及行为模式的必要性，特别是在集体性的民意气候背景下对这些变量的理解。"民意气候"一词很好地抓住了个人和集体之间的复杂互动——民意是在多种影响力下的反应，其演变的方式难以预测，但往往能显示随时间起伏的集体性思想趋势。"民意气候"一词来源已久，在传播学和政治学研究中这个词常常和伊丽莎白·诺埃尔-诺伊曼（Noelle-Neumann，1993）的研究联系起来。本书的第一章已经提到过诺埃尔-诺伊曼有关沉默螺旋的研究，她认为人们常常会通过衡量身边的意见气候来判断自己的行为和观点是否会被所处的环境认同。当发觉自己的意见属于"少数"或处于"劣势"时，遇到公开发表的机会，可能会为了防止孤立而保持沉默。这样一来，占据优势地位的意见越来越强大，而持少数派意见的人发出的声音则越来越弱小，从而形成了所谓"沉默的螺旋"。不论精确与否，媒体可以通过民意调查数据等来说明特定时间点上的民意，从而强化这种沉默的螺旋。本章的目的就是要在群体层面上更为深入地考察这一过程。

美国文化一向以关注个体而闻名。这一特点在美国的新闻和娱乐节目中清晰可见——娱乐明星、企业家、运动明星、政治人物，甚至离奇的罪犯等占据了人们的视线，而培养了这些高知名度人物的成功的制作团队、发展中的企业、胜利的运动队伍、活跃的政党等的日常工作以及导致那些罪犯犯罪的社会原因则少人问津，常会被媒体忽视。那些人为什么会成功或失败，看起来似乎完全是出于个人原因。我们能看到的是个人成了公众关注的焦点。美国不是唯一一个强调个人主义的国家，只是在所有强调个人主义的国家中，美国似乎是最严重的。

策略传播研究的重点也常常放在如何影响个人上，因为不管怎么说，作为一个消费社会，是个体在实施购买行为（也许是基于对广告信息的回应）或为政治候选人投票（也许是基于政治候选人的竞选信息）。要理解多样化的公众中的个体成员是如何考虑气候问题，并在此基础上进行传播的很重要。但单独的个体行动并不足以解决气候变化困境，只有当人们共同行动起来互相协作才能从根本上解决这一问题。

个体的动机、想法、价值观、情绪和知识等都很重要，但当人们过于重视个体层面的因素时往往容易低估集体的力量。即使人们自身具有相当高的科学知识水平，也都会被他人的想法所影响。在科学上哪些信息来源是可信的，哪些科学内容是正确的？对这些问题的回答本就容易被他人的想法所影响，受制于一些集体性因素如组织美誉度等。许多相互依赖的团体和组织——不光是记者或科学家，还有媒介机构，政府组织，非营利性机构，商业公司，科学团体如大学、研究所或学术期刊以及大量的专业团体等造就了科学传播和气候传播的社会生态。当然，记者和科学家仍是关键所在。

作为气候传播议程设置者的组织机构

组织和机构处于社会与个人之间，对行业行为和个人想法都能发挥巨大的影响力。这些组织和机构一方面由个人组成，另一方面又可以凭自身的条件被定义为气候变化的行动者，它们形成了一个复杂而又持久的网络。这些组织机构可以存活很久，甚至跨越好几代人，同时它们往往会采用长期的政策和目标，并通过行动来加以实现。

提到科学传播，人们第一个想到的往往是新闻媒介，但除了媒介外其实还有很多其他组织和机构都积极地参与到了科学信息的传播中来。它们中的一些隶属于政府部门，一些是私有的非营利性组织（nonprofit groups），也被称为非政府机构（NGO，non-governmental organizations）。许多商业机构也非常关注科学技术。学校、科学中心和博物馆、研究机构、图书馆等也是科学传播的关键力量，不应该被遗忘。

组织机构作为社会与个人之间的一个层次，对包括气候科学在内的所有科学是如何被传播和理解的有着重大的影响，其特征和复杂性值得人们思考。举例来说，除了媒介或科学传播者所附属的各种各样的专业团体外，颇具权威性的政府机关也在科学传播中占有一席之地。气候变化影响着所有人，也影响着所有政府部门。在美国的联邦政府层面上，就有许多众所周知的机构为了监督公共资源及农业和能源生产而在研究、观测气候或被赋予了管理气候变化的重任，如DOE，EPA，FWS，NASA，NOAA，NPS，NWS和USDA等。[1]

但政府工作人员，也许和大部分社会成员一样，不愿意因为个人看法而身陷麻烦中，这也是沉默螺旋的一部分。对于气候问题来说，因为已经被政治化了的关系，打破沉默有时候需要在政治上付出代价。不同的联邦政府部门在管理科学和社会间的关系时存在不同程度的开放性。一个广为人知的例子就是美国国家航空航天管理局（NASA）有名的气候学家James Hansen曾公开声称NASA的公关部门（在小布什总统任内）试图要他在气候变化问题上保持沉默（Revkin，2006）。James Hansen还是气候变化怀疑派科学家的指责对象及据称被政府部门强烈反对过的对象。诸如此类对James Hansen的指责和反对给其他有可能在争议性科学问题上发声的政府部门工作人员造

---

[1]　这里所提到的机构分别是美国能源部（Department of Energy）、美国国家环境保护局（Environmental Protection Agency）、美国鱼类及野生动物管理局（Fish and Wildlife Service）、美国国家航空航天管理局（National Aeronautics and Space Administration）、美国国家海洋和大气治理署（National Oceanic and Atmospheric Administration）、美国国家园林局（National Park Service）、美国国家气象局（National Weather Service）、美国农业部（United States Department of Agriculture）。

成了潜在的"寒蝉效应"(chilling effect)。

所有的政府部门(联邦政府及其他州政府和地方政府部门)都需要理解科学证据并将之应用到实际工作中,同时政府部门还直接或间接地影响着人们认为哪些科学证据是可信及合理的,而哪些不是,不论政府是否真的参与了这些科学研究。政府部门也能够代替人们来理解科学证据,并决定如何使用科学证据并就此进行信息传播。各个层级的政府规划、交通和应急管理机构,特别是沿海地区的这些管理机构,需要关注海平面升高和暴风雨情况。公共卫生机构也需要关心这些情况,因为气候生态的改变和生物的垂直分布变化都可能导致疾病模式的改变。这些机构都在积极主动地就气候问题进行沟通(如通过新闻发布会发布信息或保持网站信息更新等)。它们也是气候变化相关的民意气象的重要组成部分,只是通常不会和最具争议的问题挂钩。

还有许多其他类型的组织和机构也在共同组成科学的社会生态,并为有关气候变化这样科学问题的民意气候做出贡献。作为美国最有影响力的科学评估机构之一,美国国家科学院(NAS)并不是一个政府机构,而是一个在联邦资助下运行的非政府机构。该机构每年发布大量有关新兴科学和争议性科学的报告。主流的有同行评议机制的科学期刊如《自然》(*Science*)或《科学》(*Nature*),以及专注气候主题的期刊如《气候变化》(*Climatic Change*)或《气候》(*The Journal of Climate*)等,也在决定哪些科学是可接受的而哪些不是上扮演了重要的角色。

事实上，每一本科学期刊都有一定的作用，只不过顶级科学期刊的影响力是最大的。这些科学期刊，和许多科学协会如美国科学促进会（American Association for the Advancement of Science，AAAS，《科学》的发行方）一样，都在社会中进行着一定的公关和公共教育。

外国机构同样也能影响到美国。加州州政府已经收编了197个来自世界各地的科学机构，这些科学机构的共同点就是都接受气候变化是由人类活动引起的这一观点。[1] 加州政府为什么要这么做？恐怕就是为了说明在气候变化问题上的这一共识是全球性的。在全球层面上有一个专门针对气候变化而建立的组织——联合国政府间气候变化专门委员会（Intergovernmental Panel on Climate Change，IPCC）。该组织成立于1988年，在联合国环境规划署（United Nations Environment Program，UNEP）和世界气象组织（World Meteorological Organization，WMO）支持下开展工作，有来自世界各地的成员国（包括195个国家）。该组织已经成为特别重要的气候变化信息来源，并和美国前副总统戈尔一起获得过诺贝尔和平奖。该组织在既有的行动准则指导下以"全面、客观、公开、透明"的方式持续地评估关于气候的最新研究，并事无巨细地发布报告，而这些报告通常会被各方严格地加以审视。当然，IPCC的工作并非完美，但毫无疑问它的存在有利于将气

---

[1]　具体请见 https://www.opr.ca.gov/s_listoforganizations.php.

候问题置入到公共议程中去。

如果以上所说的这些还不够复杂，全球范围内数以百计甚至千计的支持环保、野生生物或公共健康的私有非营利性机构也都参与到了对包括气候科学在内的科学问题的本质和社会意义的理解中来。除此之外，所谓的气候怀疑论或气候变化否认者团体及一些宗教和政治团体，不论它们是否具有法定资格和地位，也都参与到了有关气候变化科学证据的理解和传播中来。以上提到的所有组织机构及相关力量共同构成了有关气候问题的社会环境，在此环境中有关气候科学和气候变化的信息被生产、评估和传播开来。也正是因为可能的信息来源非常多元化，所以人们对气候问题的看法也多种多样。[1]

自从麦库姆斯和肖早期有关议程设置的研究（McCombs & Shaw，1972）发表以来，议程设置已作为媒体研究的主题之一存在多年。所谓议程设置，指的就是新闻媒体对新闻事件和特定看法的强调程度与受众对这些事件和看法的重视程度成正比。但新闻媒体不是在真空中工作的，它们无法单边地决定公共讨论的议程。新闻议程本身就是由各种机构通过广泛的共同行动而形成的（Cobb & Elder，1983），是在机构层面上集体完成的。

---

[1]　需要注意的是，至今为止美国还没有几家私有的非营利性机构是为气候问题而建立并开展工作的。美国国家慈善统计中心根据税务记录分析了美国境内超过150万个不同的非营利性机构，发现只有95个机构的名字中包含了"气候"这个词（请见nccs.urban.org）。当然，许多关注环境问题的非营利性机构也会涉及气候相关的工作，而专门针对气候问题展开工作的机构也未必会在名字中带上"气候"字样，但不管怎样这个数据都能说明一定的问题。

在科学问题上，议程设置的过程可能更为复杂。大部分公众都并非科学家，当他们对科学问题有疑惑时，通过人际渠道只有极其有限的一些信息来源可供咨询。因此，虽然媒体科学议程的形成过程极为复杂，但媒介所发布的科学信息可能具有相当大的影响力。媒体的新闻议程也许和主流科学团体的新闻议程并不相符，且与公共议程中的科学话题也有所出入，但这三者互相影响。媒体报道，不论是报纸报道、广播电视报道或网络报道，对于大部分非科学家来说都是重要的科学信息来源。

记者与科学家所属的专业协会

与文化认同，如对特定的成长于斯的民族或宗教的认同不同，个人加入大部分的团体或组织都是出于自愿，因此归属感与认同感也有所差异。此类参与包括加入政党、公共服务机构及专业协会等。在科学传播领域，除了通常意义上拥有大量科学传播者的机构外（如媒体、博物馆、大学和政府机构等），新闻行业的专业协会，特别是那些与科学高度相关的新闻协会，在定义新闻专业人士的道德责任时可以说是非常有影响力的。

在美国和其他很多国家里，记者并不需要经过机构化的鉴定或被要求加入特定的行业协会。理论上，任何人都可能成为记者，不过目前大部分全职记者都在新闻机构中工作，因此需要面对机构的管理，很难自己想写什么就写什么、想说什么就说什么。在自愿加入的基础上，这些专业协会如职业记者协会（Society of Professional Journalists）、美国科学作家协会（National Organization of Science Writers）、环境记者协会（Society of Environmental Journalists）等都是独立于任何个人或组织化的新闻媒体而运作的，且都在为具体问题如什么是负责且充满道德感的专业行为、如何保持记者独立性等标准的制定上具有相当的影响力。

科学家和记者一样也信奉言论自由。科学家的言论自由在专业领域中往往以学术自由的方式来体现，不过这种自由也有限制。科学家们通常会是自己专业领域相关协会团体的成员，这些协会团体负责发行一些该领域的学术期刊或每年主办大型的学术会议。有意思的是，科学家和记者还存在一个共同点，即对自己的专业而不一定是现任雇主有职业忠诚，因此也不难理解新闻业和科学界的专业协会在业内的影响力。

小部分科学传播者是志愿从事科学传播工作的，如在科学博物馆中担任临时讲解员的志愿者、科学家志愿参与科学咖啡馆的讨论活动、社区工作者在业余时间参加环保项目等。他们在这些"课外"科学传播活动中的角色可能仍会受到他们的专业身份和他们零报酬参与活动的这些机构的性质的影响。正如所有人都会不由自主地考虑民意气候一样，作为专业协会成员的科学家们也会考虑专业意见的"气候"。不论是否在工作场合，他们的雇主和同行会对他们的行动作出何种反应？一些擅长科学类主题的博主、自由作家或制作人或许可以自主经营，但即使他们不依靠科学机构的资金资助，也还需要这些机构作为信息和灵感来源。[1]他们也是这个网络的一部分。

所有这些传播者往往会隶属于某些专业协会，但即使他们不是专业协会的一员，仍有可能会被这些作为行业标准制定者的机构所影响。正如美国医学会影响医药行业的实践，各种新闻机构影响着新闻实践一样，科学期刊和科学协会及主要的科研经费来源如美国国家科学基金会等也影响着科学研究的实施及科学研究的方向，换句话说，即科学实践。

科学家和记者之间的关系是高度共生的。研究表明科学家们对记者有关科学工作的所思所想所述正变得越来越敏感，这种现象也被称为"媒介化"（Weingart, 2001）。反之亦然，记者，包括科学记者，自然也很关心他们的信息来源是怎么看待记者的工作的，因为如果不被看好的话，可能采访对象下次就不会再配合了。最好的记者都希望可以做到独立、批判、前沿，所以许多科学记者不会让科学家或者说不允许科学家来批准报道，但他们也无法宣称自己全然不需要科学家的审核。毕竟和所有记者一样，科学记者也要依靠信息源。

不论是医生、律师、教师、记者或科学家，专业从业人员往往是特定组织的一员，这些特定组织也会出台一些专业标准与规范。专业规范，既可以通过道德规范或其他正式准则的方

---

[1] 独立作家和其他的科学内容或科学项目创作者可能会更多地向私人基金申请经费或依靠政府资助工作。

式被明确说明，也可以简单含蓄地反映在日常专业实践中。这些专业规范也是集体的产物，反映了社会组织（如媒介或科研机构）和行业（如新闻界或科学界行业协会）的考虑和实践。要理解记者与科学家的专业行为和反应，需要考虑他们工作的组织背景，因为这些背景决定了哪些行为被认为是可接受或不可接受的，哪些行为应该被鼓励或阻止。

今天，要开展专业的科学传播是非常复杂的，需要各种力量的配合。科学家和记者之间的配合就极为重要，两个群体的专业规范和社会期望（有一些是共同的，有一些则是记者或科学家群体各自所特有的）也极为重要。这两个群体作为公众在科学信息上的把关人，可以决定何种科学是有效、合理及有新闻价值的，以及此种科学会被如何建构、如何传播给非科学家人群。从理论上说，科学家和记者在"共同生产"科学事实的公共属性。下一节内容会考察历史上一路发展而来的新闻业和科学界的专业规范和社会期望，这与今天围绕着气候传播的许多挑战息息相关。记者和科学家都在特定的专业规范和社会期待下展开工作，但这些规范和期待到目前为止却没有为气候传播贡献最好的结果。

不管怎么说，除了科学家和记者之外，还有许多科学传播者。这一点作者在前文中已经强调过，在下一章中也会继续说明。但科学家和记者这两大群体不论是在历史上还是在今天，都是最为重要的科学传播者，或者至少是最有影响力的科学传播者。这两者间的关系已经启发了许多今天看来非常经典的科学传播中的奠基性研究（Friedman et al.，1986；Gregory & Miller，1998；Nelkin，2005）。科学家和记者仍然是可见度最高的科学传播者，科学家们通过记者的工作向外界传播科学知识，但科学传播的格局已在悄然发生着变化。本书的第五章会讨论科学传播在当代的发展，如新兴媒介即所谓新媒体对科学传播的影响，以及科学传播行动者和科学传播项目的大量涌现对科学传播规则的改变或至少对科学传播的一些实践和公众期待的改变。

社会规范的本质

人类的行为是否被社会接受主要受三大要素制约：规范、伦理道德准则及法律。在社会科学中，"规范"（norm or normative）一词指的是任何关于人"应该"做什么的社会或文化要求。专业规范反映的是在特定专业背景下的典型选择，可以是从长久的职业传统中发展而来的（如要求人们"不作恶"或"说真话"），也可以是新近形成的（如健康和医药行业建立的护理标准）。规范能够被应用于满足人类生活任一方面的社会期待，如人在特定的社会情境中应该如何表现或在全球变暖的背景下节约能源是否应被视为人类共同的责任和义务。规范作为一个分辨是非的系统能够决定哪些行为可被接受。

规范并不总是通过明文规定来表达，某些时候我们可能根本意识不到规范的存在。许多法律反映了规范，但并非所有的规范都在法律中有所体现，所以两者（法律和社会规范）不应被混淆。正如不是所有的规范都明文规定一样，不是所有的规范都与道德有关。有些事可能是不道德的，但却没有违法。在重要的社交场合如婚礼或法庭上穿着不得体可能是对规范的冒犯但却不是非法行为，通常也不会被认为是不道德的。[1]在某些情况下，有些事可能是非法的（如超速驾驶）但却能被社会所容忍。对他人的规范和道德期待的认知（这也是民意气象的一部分）以及对他人实际行为的观察都能影响到自己，这些都被纳入到行为选择模式中，如计划行为理论（the theory of planned behavior or TPB，Ajzen，2012）。但它们的影响难以通过观测轻易被发现。

对什么是得体的社会行为的规范似乎一直处于不断变化中，而何种行为应该被允许或被禁止，此类被正式融入道德准则甚至法律中的规范也在不断变化中，虽然变化得也许不那么快。有些社会规范一直被践行着却少被明确地说明。例如，人们的不得体行为通常很快就会被发现，即使这种行为并没有打破特定的人们能够明确表达出来的规范。换句话说，人们会感觉到哪里不对劲却一时说不上来。人类在复杂多变的规则体系

---

[1] 但穿着不得体也有可能引发社交混乱（social disruption），甚至给人造成精神上的压力或被认为是不职业的行为。如律师穿着健身服饰出现在法庭上，这样的行为是不道德的吗？答案因人而异，但如果律师正好输了那次官司，人们可能会倾向于认为穿着不得体是种不道德的行为。

中往往能够基于直觉无须多想就游刃有余，也正是这种能力让人类成为一种高度社会化的物种。社会规范，甚至道德规范或法律条文，常常会在特定的环境下被重新理解，且当中存在不少灰色地带。人们这么做并不只是单纯为了合理化某些不好的行为，也是为了在某些时候停下来问问自己："该怎么做才是对的？"随着人们慢慢意识到自己行为的后果，人们在气候变化问题上对"怎么做才是对的"的回答已经有所改变，但这些变化不是在一夜之间发生的，与气候变化作为一种道德困境的斗争还将继续。

正如那些已通过立法的有关个人行为的法规普遍地反映了共识的存在，在法律范围之外特定的对职业行为的要求通常也是建立在民主商议和集体共识的基础上的，此类共识会通过组织以政策、实践和道德规范的方式表达出来。违反此类基于共识而产生的行为规则通常会导致一定的后果。在司法系统中违法的后果可能是判刑和罚款，在专业领域中其后果可能是被驱逐出这个行业（如律师被剥夺律师资格，医生失去执业资格等），在其他行业中后果可能是失业、失去客户或声誉被毁等。和社会中的其他团体一样，专业协会对协会成员可能也有很多约定俗成但未书面成文的行为要求，当然也有一些专业协会，如某些新闻协会也有成文的道德准则要求。

从社会学的角度来看，道德规范对行为对错的判断并非固定不变的，而是一直处于变化中。但对社交行为或职业行为的要求在变化的同时依然存在一定的延续性。网络世界提供了一个很好的例子——网络礼仪（netiquette）。网络礼仪指的是在基于网络的沟通中对行为的一些准则和要求，这些行为准则一直在不停地变化。如果人们上网查找针对网络行为的规范和要求可能会找到好多规则列表，但大部分都没有经过任何正式的讨论或采用，也没有明文规定。此类网络礼仪还在不断涌现，但除了偶尔的社会指责外，打破这些规则也不会立刻给人带来严重的后果。审视此类网络礼仪会发现，这些行为守则不是毫无根基的——虚拟网络社区的本质及与此相关的对网络行为的要求很大程度上脱胎于广义社会文化中的主流行为规范（Jones，1995）。现实中何种行为是可被接受的正在经历不断的变化，但广义上的道德准则相对较为固定。

新媒体也会影响人们对新闻业职业道德的思考。网络博客的博主是否和传统的新闻记者一样需要遵守新闻职业道德规范？在法律法规上，博主或者发推特的人是否能和传统记者一样要求获得"新闻来源保护法"（shield law）的保护？此类问题的答案仍有待明确。

科学报道中的新闻职业道德

新闻客观性最早起源于什么？在美国，18世纪的报业主要由党派报纸（partisan press）组成，这些报纸往往有自己特定的政治立场。[1]通过回溯客观性作为科学界的标准和客观性作为新闻业的标准之间的历史关系（主要在20世纪），学者发现"记者已经不再相信真正的客观有可能实现"，并转而采取呈现具有平衡性的多方观点、公正报道、不把新闻和意见混为一谈的标准（Nelkin，2015）。还有学者对这些概念进行了更为久远的回溯，例如舒德森将报纸从18世纪晚期和19世纪早期的党派报纸到今天更为中立的报道风格的变化归功于美联社和其他通讯社的崛起，认为正是因为这些机构要迎合多样化的读者群和不同的政治生态，从而将新闻"售卖"给各地的新闻机构和编辑，所以导致了更为中立的报道风格（Schudson，1978）。

美国职业新闻工作者协会（Society of Professional Journalists，SPJ）发布的《伦理规约》(SPJ Code of Ethics) [2]包括四项首要原则：寻找真相并报道之、将损害最小化、独立运作、负责且透明化地工作。[3]平衡性（包含争议中的双方观点）并不在其列，尽管福克斯电视台多次提到自己是"公正且平衡的"。平衡报道作为新闻的目标其实并不容易达到，也许和客观性或提取绝对的真相一样难，不过新闻专业的学生还是会在课堂上学习"平衡"的概念，平衡报道原则也被很多记者在各种情境下加以运用。但在美国这样的两党制国家里，平衡报道通

[1] 在世界上的很多地方，这一现象仍然存在，如意大利的报业就按照意大利复杂的政党体系分割成了多个派系。
[2] 具体请见http://www.spj.org/ethicscode.asp.
[3] 除了美国职业新闻工作者协会的伦理规约外，还有许多其他的新闻道德准则存在，包括各个媒体机构规定的新闻道德准则。

常会被理解为代表两党（或者说左派和右派）的意见而非代表所有派别的意见，但这本身就是一种极化。这种倾向有可能反映了两党制下政治报道的本质，但对平衡的这种理解，即将复杂的争议简化为两派之间的争论，在报道科学问题时却不免导致问题。

美国职业新闻工作者协会发布的《伦理规约》要求记者关注那些很少被倾听的信息来源，并支持公开民主的意见交换，因为这么做似乎能在一定程度上鼓励传达少数派意见。例如，在报道某个研究的结果时，报道的倾向性可以通过寻找与该研究无关的科学家作为信息来源得以平衡，这么做也能让读者更好地理解该研究的背景信息及其重要性，且这也是一种合理且可行的针对新闻通讯稿的报道手段，因为大学、研究机构或学术期刊中的公关人员在向媒体发布的新闻稿中往往会将本机构的每一个研究进展都称为"突破性进展"。

更难平衡的是在报道科学的争议性应用（如科技在医学或生物科技领域中的争议性应用）时，如引用来自伦理学家或宗教领袖的看法会如何影响新闻。当然，引用这些人的观点对于此类报道来说是极为重要的，但如果没有加入从科学本身出发的平衡化视角，也会更进一步固化人们认为科学与伦理或科学与宗教之间存在矛盾的既有印象。把这样的平衡作为实现客观性报道的内在标准是由新闻流程引入的限制之一（Shoemaker & Reese，1995）。

科学的本质就是人类所知的事实会不断进化和改变，所以如何报道科学纷争才是最好的仍是一大难题（Dearing，1995）。原则上，科学共同体内存在的异议虽然可能在某个时间段内只有少数人支持，但有可能这些异议在未来会被证明是正确的并进而成为科学共识，换句话说科学共识可能最终被发现是错误的（Kuhn，1970）。所以在报道科学发现，包括报道有关气候变化的科学发现时，加入怀疑或反对的声音也是对科学本身的平衡，即使在该科学问题上目前已存在强有力的科学共识。这很不幸，但却可以理解，很多时候这并不是因为意识形态而导致的。"虚假平衡报道"的问题存在于很多报道中，如有关自闭症和疫苗接种之间关系的报道（Dixon & Clarke，2013）。要在报道科学事实时做到恰当且平衡并非易事，特别是在科学共同体中尚未建立与此相关的强有力的科学共识时。意见极化的现象一旦发生，如在气候变化问题上，往往积重难返。

在某些问题或主张上，科学研究可能才开始有所涉猎或充满不确定性，但事实上往往这些刚刚兴起或尚未确定的科学问题是人们最想了解，是记者最希望报道的，毫无疑问也是新闻会追踪的。"媒介化"的科学家希望新闻能够报道他们的科研项目或科学观点，从而帮助自己扩大知名度，获得研究基金。人们可以要求记者应该了解并报道手上掌握的信息和真相，但对科学信息来说，却没有那么简单。在科学共同体内部尚未形成清晰的共识前（清晰的科学共识有时可能需要经历几十年甚至更久才能实现，且当出现新的证据时，科学共识还会被不断修改），如果记者（包括科学记者）要报道此类科学问题，需要具备分辨良莠、去芜存菁的能力，因而对记者提出了极高的要求。且在气候变化问题上，在科学共同体内部拥有的科学共识一度比今天要少得多。

即使到了现在，许多科学家仍不愿意将许多特定的天气事件归因于气候或气候变化，有时这会导致新闻报道听起来非常别扭。科学家们所接受的科学训练导致他们依赖研究数据进行科学判断（这一点在下一节中将具体说明），而气候趋势和现下的天气之间的关系通过数据表达出来的更多的是一种概率，而非确切事实。尽管存在那么大的复杂性，美国新闻业在气候报道上已有所进步，至少与前几年相比。现在的气候报道不再那么经常把引用异议或怀疑论调作为报道手段来平衡以科学共识为基础的"全球暖化论"（Boykoff，2011）。但这是场费力的战争，"虚假平衡报道"的问题在一些媒体中依然存在。

简单地为气候变化公开发声比采取实际行动要容易多了。鉴于人们在日常生活中能够看到大量反对气候变化的组织所进行的活动，要让记者透过这样的迷雾来了解并报道事实可能比让他们不再过度依赖新闻平衡的概念进行报道难度更大。休梅克与里斯通过影响力层级模型说明了对记者的工作造成限制的诸多影响因素（Shoemaker & Reese，1995）。这些影响因素包括记者个人的背景及其接受的专业训练、在新闻机构习得的新闻流程、所属新闻机构的组织压力、外界环境的压力（如政府的影响、广告和公关活动的影响、作为新闻来源的众多机构和个人的影响）、工作中习以为常的基于文化的意识形态背景的影响等。在日常工作中，大部分人都难以完全独立于社会背景行动，这也体现了"民意气候"的作用。

报道科学议题时应遵循何种道德标准，有关该问题的专业看法已有变化。大部分环境记者仍是客观性原则的拥趸，但也越来越支持邓伍迪所提出的基于证据权重（weight-of-evidence）的报道原则（Dunwoody, 2005），即报道那些目前大部分证据都证明或大部分专家都认同的科学内容（Hiles & Hinnant, 2014）。这样的报道方针究竟会对读者产生何种影响？学者们研究发现，基于证据权重的新闻报道与以往一面倒的新闻报道相比，能够降低受众对科学议题的不确定性（Kohl et al, 2015）。且采用基于证据权重的报道原则后，即使在同一报道中呈现针对同一科学问题的不同看法，也不至于给受众留下一种错误的印象，即认为报道中出现的不同看法在科学共同体内部是同样重要或被同等接受的。不过这种报道原则需要记者独立地推断出何种科学证据或哪些专家是值得信任的，如哪一方的看法更有可能是对的，哪一方更有可能是错的，谁更可信等。这就要求记者事先花大量的时间进行钻研，并对科学的运行规律有相当的了解。很多时候，可能要多年后再回过头去看，才会发现哪些事实应当被报道而哪些不应该。

根据美国科学作家协会（National Association of Science Writers）2014年发布的道德规范，科学作家"应支持有关科学问题的意见交换，而当科学原则不再被大部分颇有声誉的科学家所质疑时也应有所认识"，其中特别强调了后者。毫无疑问，这很好地回应了科学争议的报道困境，如气候变化报道。不过，即使记者们的出发点是好的，但他们都在截稿日期和有限的报道资源的压力下工作，往往难以同时掌握多个科学问题的最新发展动态。也有人怀疑，由于新闻媒体的经济压力不断加大，出自专业科学记者之手的报道数量将会日渐稀少。

当科学证据本身就充满不确定性时，当许多科学家都无法确定科学共识会走向何方时，当认为科学本身就存在割裂的想法弥漫于流行文化中时，即使是最专业的科学记者，也最好不要有明显的立场或将某些可能的事实肯定为科学真相。因为不确定性和污名一样，往往具有某种黏性。换句话说，即使通过大量的科学研究已经形成了新的确定的科学共识，人们仍然可能会坚持以往在该科学议题上的不确定性。多样化的受众，出于各种原因，可能仍不会放弃一直以来所认同的科学争议，正如今天还有很多人认为疫苗接种会导致自闭症一样。

这也说明媒介影响中的一个领域——媒介合法性（media legitimization），某种程度上作为不确定性的补充，还需要更进一步研究。媒介合法性可能会像媒介效果一样成为一个重要的研究领域，只是目前尚未被充分开发。和声誉一样，科学观点的合法性或非法性可能具有一定的黏性。换言之，任何被媒介认为是正规科学的且通过媒介报道合法化的科学观点可能拥有相当长的生命力，即使有关该问题的科学共识已经有所改变。这并不是说科学新闻的受众不够聪明，只是大部分人可能都不会持续地关注某些特定科学议题的报道。人们可能通过媒体看过一两次与该议题有关的新闻，之后注意力就转移了。记者们在报道科学议题时可能也是一样，不会持续地只关注某个特定的议题。

科学争议应当被报道，但不应夸大其不确定性或合法性。不过知易行难，虽然记者们都接受过好的专业培训并拥有好的出发点，但往往无法预测在科学争议中哪个版本的"真相"会最终胜出，科学家们也同样做不到。最好的科学记者需要发挥一定的灵活性，在报道中既准确地反映科学上的确定性和不确定性，又将目前主流的科学观点及小众看法恰当地传达出来。但拥有此种技能和灵敏度的科学记者并不多，而要写出这样的科学报道需要花费大量的时间并动用大量的资源，可问题是目前媒体机构未必具有足够的资源。

此外，伴随着科学对话或公共参与科学活动在科学传播中的兴起，人们对科学新闻目标的理解也在不断进化。和以往的单向传播模式，即认为科学新闻旨在填补公众科学知识的空白不同，一些学者认为科学新闻能够为公众赋权，并通过一定的方式（如为不同的利益相关者发声或让公众多多了解科学流程）在社会中支持科学民主化（Secko et al, 2013）。但要把这种理想化的目标注入日常的科学新闻实践中去还有很长的路要走。即便能做到，随着越来越多人从互联网上的各处获取科学新闻，他们会接触到由各类科学传播者生产的信息，这里面包括专业或业余的科学传播者，也包括一些带着实际利益诉求的科学传播者。这就对受众的批判性思维能力提出了新的要求，对于只是偶尔接触到科学新闻的受众来说更是一种挑战。本书的第六章将深入讨论该问题。

气候传播中科学家的职业伦理

科学传播的社会生态中的一个重要环节就是科学家以及其所在的科学机构。科学家享有极高的社会声誉，被认为是努力工作且对工作极度具有奉献精神的一个群体。但科学界传统的风气正如社会学家罗伯特·默顿（Robert Merton）几十年前所说且如今被广为引用的一样，鲜少涉及科学家与非科学家群体的交流（Turner，2007；Merton，1968；Merton & Storer，1976）。所谓的"默顿规范"（Mertonian norms）认为科学是共有的（在科学活动中应将所有科学知识视为整个科学共同体和全人类共同的财富）、普遍的（从事科学研究的准入条件和科研成果的评价原则应遵从"普遍"这一基本理念，而不能因某人的个人属性否认其科学能力或影响对其成果的评价，对科学事实的评判也不能取决于谁发现了它或在哪里发现了它）、无偏见性的（科学家应以科学为目的非功利地从事科学研究，科学本身也应摒弃偏见）、具有合理怀疑性的（所有的科学工作都例行且系统地接受质疑或验证；科学的怀疑不是无端的怀疑，而应是有组织有条理的，即需借助经验和逻辑的标准）。[1]

默顿规范当然是一个理想化的版本。在实践中，这些规范可能被接受也可能不被在意，可能被严格执行也可能难以实现。科学家之间当然有可能在研究想法和研究数据的所有权上存在冲突，此时往往著名机构的著名学者的成果会被更好地接受和对待。申请研究基金和找工作的过程中往往存在一定的偏见和功利性。同行评议的过程也并不完美，可能无法完全剔除糟糕的研究。但最重要的并不是考察默顿规范是否准确地刻画了科学规范，毕竟这仍是一个充满争议的问题，也不是思考这些规范到了今天是否依然适用，而是要看到这一著名的对传统科学规范的总结完全没有提到科学家有义务参与到社会中来或有义务与科学共同体外的人士进行沟通。

在公共传播领域，科学家们一直都隐居幕后。对于科学圈子外的受众来说，不论在正式场合还是非正式场合，科学家们当然有可能成为重要的科学传播者。虽然这不太可能成为科学家们的主要专业目标，但传播科学仍可以是他们常规工作的一部分或常规工作外的业余爱好。不过，认为科学家们有必要从事科学传播，并应为此得到报酬的想法是最近十几年才出现的。

---

[1] 罗伯特·默顿对科学的规范结构研究影响深远。1942年，默顿在他的著名论文《科学与社会秩序》（该文后以"科学的规范结构"为题收录于默顿的论文集《科学社会学理论与经验研究》）中系统论述了默顿规范。这是默顿科学社会学的基础，它解释了科学共同体成员如何在规范的指导下从事研究，及科学的社会运行如何在科学规范框架内展开。不过默顿规范本身在今天的学术界依然面临争议。

科学传播的衍生物，如教材这样的学术作品，总体上不像发表在同行评议的期刊上的研究那么有声望。社会更关注的是科研过程中的伦理规范及相应的发表规范而不是传播科学的过程中可能涉及的伦理问题。

即使科学家们愿意成为那个主动传播科学的人，要付诸行动仍是个难题。大部分科学家都习惯于和科学家，特别是同一领域的科学家，交流自己的研究成果。但如果沟通的对象换成普通公众，科学家们往往缺乏相应的技巧和时间来实现定期有效的传播与沟通，虽然他们在这方面面临的压力越来越大。十多年前就有学者发现，社会对美国科学家的期待不再局限于科研本身，也希望他们能在科学传播方面有所贡献；在此背景下，一些科学家开始担忧自己缺乏向公众传播科学的能力（Mathews et al.，2005）。到了今天，许多国家的科学家，包括美国科学家在内，公开表示实在难以匀出足够的时间来对公众进行科普（Davies，2015）。在某种程度上，成为公众参与科学中的重要成员是社会对这些科学家提出的新的伦理规范，和之前基于社会道德对他们提出的其他要求一样，如合理地指导学生、管理实验室等。

如果公共传播成为对所有科学家的道德要求，这将意味着什么？现实还远未到此地步，即使真有这么一天，相信科普也不会过于激进。事实上，美国建立赠地大学体系（land grant university system）[1]的初衷就是为了鼓励大学通过科学研究帮助大学体系外的人，如农民等。政府每年对大学外联和推广活动的支持也是出于这一目的。但今天，即使是在所谓的赠地大学里，科学学科的教授们大部分的时间还是花在教学和科研上，而不是为非学生群体提供建议或实际进行指导。科学传播的责任则往往由那些层级更低报酬更少的群体来实现。虽然美国国家科学基金会近年来不断强化要求研究基金的申请人需要在研究计划中体现更广泛的社会影响力——这一点被很多人理解为比以往更强调科研信息的对外输出和传播，但大部分科学家仍和以往一样分配自己的时间。如Davies（2015）所说，大部分科学家依然没有足够的时间实现更深层次的社会参与。

大气学家朱蒂斯·库里（Judith Curry），作为支持科学家参与科普的人之一，认为大气学家们需要通过社交媒体如博客或推特与象牙塔外的人，包括那些对气候变化持怀疑态度的人互动（Curry，2010）。但这未必适用于所有人。美国劳工署的统计数据显示，除了社会科学学者、高级技工、大专教师等（U.S. Department of Labor，2015），美国大学目前拥有超过70万名科学家。假设这些科学家中的十分之一写博客，那么就会有7万

---

[1]　美国的每个州都至少有一所"赠地大学"。1862年美国国会通过了《莫雷尔法案》（亦称"赠地法案"），规定各州凡有国会议员一名，拨联邦土地3万英亩，用这些土地的收益维持、资助至少一所大学，而这些大学需要开设有关农业和机械技艺方面的专业，培养工农业急需人才。1890年又颁布第二次《赠地法案》，继续向各州赠地大学提供资助。到19世纪末，赠地大学发展到69所，校区多建立在所获赠地上。这些学院后来多半发展为州立大学，成为美国高等教育的一支重要力量，为美国经济的腾飞做出了重大贡献。

科学博客。一个合理的推断就是这7万个博客中的大多数可能只有数量极少的受众。而如果持续地写博客或维持网络曝光度成了对这些科学家的必然要求，那么不难想象，科学博客将会很快爆满。但即便如此，科学家的博客也不可能劝服所有质疑气候变化的人。

提升科学曝光度，虽然对很多人来说是个不错的选择，但也会带来新的挑战。科学博客本身就会带来新的道德问题。例如，行业惯例是不公开讨论那些尚未全部完成的研究及正处于同行评议中的文章，科学家的博客该如何处理这些内容？或者说，科学博客所讨论的内容是否应该限于已被广泛重复验证的研究结论？科学家的博客是否可以讨论甚至批评其他科学家的研究？科学共同体要怎么处理那些出现在科学博客中的，与目前科学界的共识大相径庭的观点？相信在讨论气候议题时这样的事会不断发生。在新闻报道中，至少那些离经叛道的观点会被放在主流观点边上一起呈现，这也说明了为什么审慎的平衡仍不可或缺。但在气候变化怀疑论者的博客中，这一点显然是难以做到的。

当然，除了博客之外，还有很多其他的途径可以让科学家们成为公共参与或公共传播的一员，如很多科学家一直扮演的作为记者消息来源的角色，和非科学家们一起参加地方上的公共科学活动（例如在科学咖啡馆活动中讨论自己的研究），或作为政府部门的顾问就一些新兴技术相关的政策问题提供建议等。但大量的公共参与也可能会让科学家们付出专业方面的代价，即所谓的"萨根效应"（Carl Sagan effect）。20世纪，著名的天文学家卡尔·萨根凭借卓著的科普工作成为名人甚至明星。在公众影响日益增长之时，他遭到了科学同行的排挤和耻笑，甚至失去了学术上的很多重要机遇。人们认为如果一个科学家花费大量时间在公众面前露脸，就无法将工作重心保持在科研上，而如果他们无法完全献身于科研事业，就不会是好的科学家。换句话说，这个偏见大概可以被总结为：勤于做科普的科学家是二流科学家。这就导致人们只能看到少数能见度高的科学家成为媒体采访的对象（Goodell，1977）。

科学研究并非易事，成功的科学家们努力工作，也期盼学生能和他们一样努力工作。这就意味着他们每周满负荷的工作及额外加班加点做研究而无法与大学外的公众进行对话。这里存在一个推论，即一个严肃的科学家必然是全身心地投入科研的，如果他没有，则可能无法被认为是一流的科学家。即使今天这种偏见已经不再像以往那么强烈了，但依然影响着人们的思维。[1] 不过情况已经有所改变，年青一代的科学家们似乎对与公众沟通交流（无论以何种方式实现）持更开放的态度。科普正在成为新一代科学家身上的社会责任和道德要求。

目前，大部分科学家仍不太愿意投身于科学传播中。最近的一项针对美国科学促进会（AAAS）成员的调查显示，虽然科

---

[1] 对参与科普的科学家的这种偏见影响极为深远。基于我的个人经历，我曾在教授一堂科学课程时发现很多女学生对是否应投身科学十分犹豫，原因之一就是她们认为一旦投身科学就要不眠不休地投入工作（如实验），但自己恐怕未必能做到，所以很多女学生都打了退堂鼓。近几年，我也曾听科学类的研究生提到导师对学生参加公共科普活动持负面态度。

学家群体明显缺乏基本的公共传播和科普技能，但这个群体中的大部分人仍不愿接受这方面的培训（Besley et al., 2015）。一个强有力的影响科学家们接受培训的意愿的因素就是这方面的培训是否道德——参与调查的科学家们认为旨在改进他们解释科学能力的培训比那些旨在提高他们的曝光度和公众接受度的培训更能在道德层面上满足他们的需要，最不道德的是通过培训学习传播技能从而让公众以特定的方式看待科学。有意思的是，参与调查的科学家们并没有表达出足够的意愿希望与公众在网上或通过媒体互动；与公众进行面对面交流的意愿也不强。

时间的限制、传播技能的缺失、缺乏科普的兴趣、对道德准则的关注及科学传统中缺乏科普的迫切性等众多因素限制了科学家与科学共同体外的沟通与交流。对气候科学来说，这意味着什么？优秀的科学新闻并不多见，甚至处于短缺中，这一缺口短期内很难补上。社会需要优秀的科学家加入到气候议题的公共讨论中来，但要让科普成为对每一位科学家的道德要求，至少在短期内并不现实。今天互联网或社交媒体上可供人们获取科学或气候相关信息的来源非常多，但这些信息来源有好有坏。由此而来的问题是寻求信息的人可能需要更强的信息素养来组织基于网络信源所获得的科学证据并对其进行恰当的理解。随着公共科学传播的本质不断变化，气候变化及气候传播最恶劣的后果几乎已无可避免。在此背景下，下一章将近距离地审视科学传播中与气候传播相关的新潮流。

第五章
气候传播新前沿

本章内容将考察科学传播及其受众的新发展，包括基于新媒体的气候传播。本书已从多个方面讨论了人们对气候和气候科学的了解，绝大多数人已经接受了气候变化的事实，但这并不意味着气候传播可以功成身退了。事实上，很多人并不认为导致气候变化的主要原因是人类活动，也很难想象要做些什么来解决气候变化这一问题。这就容易让人产生无助感。在政策层面，也容易限制人们对解决方案的渴求和支持。同时，记者和科学家们都需要面对与日俱增的因气候变化及其他挑战而导致的专业实践上的变化——在新闻业中，对科学新闻的报道更趋于证据导向而不再只关注虚假平衡，同时通过新闻来推动公众的科学参与也成了讨论的热点之一。

但经济及其他方面的制约仍将继续限制能用于报道复杂的科学新闻所需的媒介时间、资源和富有经验的记者。当然，这一点对于政治新闻、经济新闻、国际新闻及复杂的社会新闻也一样。同时，许多环保组织支持通过政策的改变来解决气候问题，一个把气候问题放在关注首位的非政府组织体系也还在发展中。新闻业通常会对积极地倡导环保的声音有所回应，而这些声音也是媒体重要的信息来源。

在科学界，我们所期待出现的变化在一定程度上取决于科学家是如何看待自身与社会的关系及自己在科学传播中的角色的。今天的科学界并不存在这样的要求科学家参与到公共传播中来的传统，同事或管理层也不太支持科学家们参与科普，且科学家在科学传播方面的自信、技巧及传播策略都很有限。要排除科学家们一旦把科学传播作为自己的首要任务后可能要面对的职业伤害并非易事，且要让他们参与到科学传播中来还存在时间和精力上的限制。科学家们工作繁忙——和媒体机构一样，大学，特别是公立大学里的科学家们需要利用有限的资源做更多事。

今天，关于科学家应该实现与非科学家群体的更多互动的讨论声量已经越来越大，这一提议也得到了许多来自学术界和大型学术协会（如美国科学促进会等）的支持。科学家的社会角色也许不会很快变化，且期望科学家们主动参与有关气候问题的公共传播与公开倡议也不太现实，虽然少数口才了得且引人注目的科学家，如前美国宇航局（NASA）科学家詹姆斯·汉森（James Hansen）和最近的斯坦福大学生物学教授斯蒂芬·施耐德（Stephen Schneider）等一些科学家已经成了重要的引领人们关注气候问题的意见领袖。公开直接的倡导也许不是每个人都能做到的，但人人都可以对公开倡导有所贡献。

从现实来看，年轻的科学家们似乎对参与公共科学活动更有兴趣，说明年轻一代科学家对科学传播的接受度更高。但根据皮尤研究中心（Pew Research Center）对美国科学促进会（AAAS）会员[1]在2009年和2014年的两次调查显示，从2009年到2014年，科学家较少参与针对公众的科学传播的情况在整体上并没有改善（Rainie et al., 2015）。在2009年和2014年，分别只有2%的被调查者表示自己经常写科学博客，只有3%的被调查者常常为记者提供科学信息。2014年的调查显示，不同年龄段的科学家就在社交媒体上公开讨论科学问题呈现出显著的差异（2009年的调查没有涉及这个问题）：在35岁以下的科学家中，70%的人"常常"或"偶尔"会在社交媒体上谈论科学问题，而65岁及以上年龄段的科学家中，这么做的人只占到30%（Rainie et al., 2015）。但年轻一代的科学家真的比老一代科学家更多地参与到了科学传播中吗？还是单纯地在媒介使用习惯上存在差异？虽然鼓励公众参与科学的项目应该被看作积极且进步的趋势，但指望大学里的科学家们短期内改变他们对时间的支配方式却不那么现实。

这些研究发现都回避了一个问题，即什么才算公共参与？大部分传播学学者和社会科学家都对发展多样型的公共参与平台感兴趣，支持科学传播从缺失模型往公共对话和公共参与模式转变。换句话说，大部分传播学学者和社会科学家都觉得，

---

[1] 美国科学促进会的成员除了科学家之外，还包括一些与科学相关的人士，如与科学相关的传播专家、政策专家、管理层等。故不能认为美国科学促进会的成员完美地代表了科学家样本。同时，由于美国科学促进会在某种程度上是一个倡导组织，以该组织成员为样本的调查结果可能会夸大而非低估对科学传播感兴趣的科学家比例。

理想的情况是公众之间或公众与科学家之间应该有面对面互动。虽然很多时候社交媒体上的交流仍是单向而非真正意义上的双向沟通（Lee & VanDyke，2015），与传统媒体记者的沟通也是典型意义上的单向沟通，但科学家通过社交媒体与公众的交流以及与记者的交谈仍是颇有价值的公共传播形式。不过，与更为直接的科学家与非科学家之间的双向交流相比，这些形式并不是今天的学者在讲到公共参与时最感兴趣的。通过新兴传播技术实现的科学家的公共参与是否与以往科学家和公众的面对面接触一样有效？这是另一个有待进一步研究的问题。

社交媒体当然能够增强面对面交流。在一次国家公民技术的在线论坛活动中，研究人员设置了有关纳米技术的讨论实验，结果参与公共商议的人更倾向于面对面交流——共有74名来自美国6所不同大学的人参加了讨论，其中只有3%的被调查者在讨论结束后表示希望继续通过网络参与讨论，而70%的被调查者则更倾向于面对面交流，剩下27%的人表示网络参与或面对面交流皆可（Hamlett et al., 2008, p. 10）。有意思的是，参加在线讨论活动的体验可能会改变人们的看法——活动开始前，18%的参与者表示更喜欢在线交流（6倍于活动后的3%），而只有33%的人表示喜欢面对面交流。这些年人们对新媒体的适应度正不断提升，但需要注意的是，当人们拥有越来越多的网络使用经验后，也许反而会更倾向于面对面交流而非在线沟通。

为了让公众商议可以更好地发挥作用，应该让作为非科学家的公众有机会和科学家们分享自己的知识和观点，而科学家们也应该有机会和公众进行沟通，从而多少平衡科学家和公众的地位，一方面尊重了公众的价值和目标，另一方面也尊重了科学家们的专长。这在一定程度上也回应了科学家们常常忽视公众视角这一问题。在针对切尔诺贝利事件后的养羊业研究中就发现，科学家的专业视角和公众的日常经验都有价值（Wynne，1989）。不应仅强调公众向科学家们学习，也应该让科学家们向公众学习那些基于价值、经验或日常证据得出的结论。

作为科学家和他们所在的科研机构对外界单向传播的补充，公众参与科学而形成的与科学家之间的双向交流机会正在不断增长。随着科学传播学界这些年来对交流和对话的强调，在学术界、科学博物馆、非政府组织及政府部门工作的科学传播者们正在积极探索扩大非科学家与科学家群体之间互动的机会，不论是通过科学咖啡馆活动、科学节、互动科学展、科学示范园、新媒体、共识会议（consensus conference）一类的让公众参与科学决策的公共商议活动，还是让非专家参与科学数据的收集分析之类的公民科学（citizen science）项目。还有公共商议论坛试图在科学家和非科学家之间建立双向沟通的机制。在此类活动中，科学家可以主导公众的科学讨论活动，也可以把讨论留给公众来完成而自己在边上担任顾问的角色。在某些情况下，科学家甚至无须亲自参加，只需准备并提供一些背景信息材料以便于公众参与到科学相关的讨论活动中去。由此，公众及他们的科学主张就会成为讨论的中心。

但这样的做法是否能够从小型的学术实验活动升级到大型的有效且有影响力的全国性甚至国际性的公众讨论科学论坛（如气候变化讨论论坛）仍有待验证。事实上，许多参与此类活动的公众有时会抱怨觉得自己在做无用功，因为他们的讨论结果根本无法得到政策制定方的关注。这就提醒我们需要注意两件事，一是我们还需继续试验这些新的公众参与科学的方式，二是我们还远未能在科学政策的制定和科学本身的管理上实现任何根本性的转变。正如上一章所说，即使这些活动的规模得以升级，要期待所有的科学家都能有效地加入进来仍然不太现实。

事实上，人们已经尝试过举办更大规模的公众参与科学活动。其中，与气候问题直接相关的就是世界公民高峰会（World Wide Views Organization）。在2015年6月举行的第三次公共商议活动上，世界公民高峰会选择了"气候与能源"作为活动主题，从而把话题引向当年12月即将在法国巴黎举行的《联合国气候变化框架公约》缔约方大会。作为一个在全球范围内鼓励公民通过在地化组织参与公开商议的机构，世界公民高峰会于2015年6月6日让接近1万名来自全球76个国家的公民几乎同时加入到了精心策划的公共商议活动中。该组织将当天的公共讨论及公众的建议做成当年巴黎气候变化会议的边会。[1]这样的努力意义重大。这样的公共讨论是否会对有关气候问题的公共讨论产生影响尚未可知，但这样的活动确实在国际层面上形

---

[1]　具体请见climateandenergy.wwviews.org。

成了需要减轻碳排放的重要共识。至少，那些在气候与能源世界公民高峰会上参与公共讨论的人提供了自己有关气候问题的看法，也为相关的政策调整提供了建议。未来能否继续举办这样的气候与能源世界公民高峰会取决于是否有充足的资金支持，如果没有的话可能难以保证这样的活动继续开展下去。一方面，这样的努力表明大规模的公共参与科学活动是能够实现且发挥作用的；另一方面此类活动的影响力还难以确定，且支持此类活动持续开展的组织基础还有待建立。

这些新的科学传播方案确实能够深刻说明，如今的气候传播图景已不再局限于记者、科学家及两者之间的关系，虽然这些依然非常重要。小型的公共商议科学活动是可以实现的，实现的方式就如那些为了本地公共决策而举行的会议或为了商议具体且迫切的社会问题而召开的小型地方会议，而不像大型的为解决抽象的全国或全球的复杂问题而召开的会议，不论那是政治性的还是科学性的。虽然这些新的公众参与科学行为看起来都是颇有希望打破科学家与公众之间壁垒的，但已有学者发现此类实验性的带有商议民主意味的公众参与科学活动通常都难以达到主办方的预期（Scheufele，2011）。一些公共参与科学活动看起来更像是科学家们的公共演说，让科学家们再度回归到了传统的学术角色中。有一些这样的活动是很有价值的，但来自英国的研究发现，许多成人参与者都更希望这样的活动能采用传统的科学家演讲的形式，而不是科学家与公众进行对谈的方式（Fogg-Rogers et al., 2015）。

不论这些新的科学传播形式未来会如何，如今气候变化已经给人类生活带来了挑战，这种挑战不光因为气候变化的规模、其抽象化的本质和发展的速度让人们不得不尽快提供可行的解决方案，也因为人们现在对该问题在态度上存在极化。为公共商议组织的论坛活动有成功有失败，公众在气候变化问题上意识形态的多样化也让我们难以用一小撮参与论坛活动的公众的态度来代表更大范围的社会公众的看法，但无论如何这个问题值得继续探讨。研究者们也应该对短期内能够实现的目标有一个现实的认知。毕竟，在美国这样一个人们连投票都懒得参加的国度里，想让公众大范围地参与到有关气候科学及其对能源政策影响的公开讨论中来并不容易。

正如典型的科学家往往是那些被大学雇用并在实验室工作的人，典型的科学传播人可能是报社记者，也可能是任何其他传播科学信息的人，如企业公关人员，政府公共信息部门的职员，研究机构的新闻发布人员，非营利性机构的工作人员包括筹款人等，供职于科学中心、科学博物馆或自然历史博物馆的人员，广播、电影、视频编剧及制作人，网络作家、网络写手及网站制作人，广告人及"绿色"经济和技术的市场推广人员，甚至演员或电视主持人，还包括"业余"的科学传播志愿者，这些人未必是科学家或专业的记者，但他们在视频网站或社交网站上传科学相关的内容，写科学博客，作为志愿者参与科学活动，或通过其他方式参与科学传播活动。

所有这些传播信息的人和团体都在帮助公众形成有关科

学，特别是气候问题的看法。在本章中我们将讨论除了科学家和记者外，其他一些重要的科学传播者在整个科学传播图景中的位置，或者说科学传播的社会生态及科学传播本身是如何发生变化又发生了哪些变化。不同的人和声音都在利用新兴的传播机会来直接与公众就科学问题，包括气候问题，进行对话。通常，这些新兴的传播机会都与新技术的发展有关。这些民主化的传播形式对所有人开放，包括专业或业余的科学传播者及支持或怀疑气候变化的人士，由此也呈现出新的传播机会与挑战。

新型的知识中介：新媒体、新的行动者

　　互联网作为新兴的信息中介可以帮助人们寻找、讨论并理解最新的科学及医学发展信息。它填补了传统新闻业由于经济危机而形成的信息空白，以免费的形式为终端用户们提供着无限量的信息。不过也有很多分析人士认为正是互联网的发展打破了原有的传统媒介经营模式，才造成了这样的信息空白。科学信息的爆炸性增长结合网络的发展导致科学传播在背景和结构上发生了重大的变化。

　　与此同时，随着科学研究的产出量与发表量与日俱增，传统的新闻媒体却没有扩张反而不断萎缩，除了几家大型主流媒体外，大部分媒体对科学的报道缩水得很快。传统的新闻机构有些已经放弃了纸质出版整体转入互联网时代，有些则试图同时保持纸质出版和互联网业务。不论采用哪种模式，媒体要实现可持续发展都不得不面临挑战。初创的网络新闻媒体数量激增，但它们的经营模式是否可行还是未知数。简而言之，科学发现甚至科学争议的数量与日俱增，但媒体报道科学问题及相关新闻的能力却为经济压力所限。当然，本书的目的不是讨论该如何应对新闻业目前的危机，重要的是当科学发展与媒体报道之间存在不均衡时，新型的知识中介，即那些"让科学知识重新流动起来，并在研究者和广大的受众之间建立桥梁"的科学传播者兴起了（Meyer，2010）。当自然界的生态体系发生变化时，不论是由于污染、气候变化、栖息地流失还是由于外来物种的侵蚀，原先稳定的生态系统会被打破，新的竞争逐渐形成，通常这会导致生物多样性的增强，至少在短期内如此。对于科学传播的社会生态来说也一样——新媒体目前正处于激增的阶段，基于新媒体的成功的组织体系和媒介渠道可能会在不远的未来兴起。

传统新闻业不再是信息的唯一主导，新媒体兴起后新的行动者加入了进来，不过现有的媒体和行动者仍十分重要。在过去的几十年里，有线电视作为受众的新闻来源在美国扩张迅猛，发展了大量受众。虽然有线新闻频道并没有大量科学相关的内容，且除了新闻播报员以外，擅长科学报道的电视新闻记者并不多见，但有线电视却是目前美国受众覆盖面最大的新闻媒体——83%的美国家庭订购了有线电视服务（James，2015）。换句话说，传统的电视或广播新闻对很多人来说仍是重要的新闻来源。不过，传统的电视或广播并非最理想的传递科学信息的媒介，因为这些媒体每天只能报道数量有限长度有限的新闻。

有线电视也有其问题。有线电视的非新闻频道有不小的篇幅在报道伪科学(pseudo-scientific)问题，不论是寻找"野人"还是与死去的亲属通灵，都颇让人尴尬。同时，各种各样的电视真人秀占据了有线电视大量的时间，这些节目一方面非常流行，另一方面制作费用低廉，但却常常会模糊现实与幻想之间的差距。有线电视频道，如微软全国广播公司（MSNBC）和福克斯电视台（Fox），通过一定的政治倾斜来寻求受众。这样的做法被认为对民主有益，但也可能会导致受众在政治和意识形态上的碎片化。到目前为止，有线电视在气候问题上的立场更像是由其报道所引用的政治人物的发言驱动。

近年来，越来越多的报纸或破产或为了降低成本而转型为网络刊物，读者们也许会因此怀疑传统新闻业是否已日薄西山。在线业务收益的增长尚不足以弥补因传统报纸广告的颓势而带来的业绩下降(Barthel, 2015)。统计显示，从2001年到2009年，报纸记者中的五分之一已离职，还有很多人即将离开（Saba，2009）。报纸读者转而通过其他媒体如有线电视等获取信息，但除了特定的科学节目外（当然这些科学节目的受众也相对较固定且有限），这些媒体上的科学报道极其有限。不少读者转而使用互联网，网络作为信息的全息媒介以全新的方式吸引着受众，人们敲几下键盘就能从网上找到问题的答案。在此次媒体转型中，地方上的报纸很多都存活了下来，但基本都缺少相应的资源或专业来报道复杂的科学问题。事实上，气候政策的行动人士可以利用这些报纸来发布与地方高度相关的气候信息。

在科学传播的社会生态中，传统新闻业所占据的利基市场已被多元化的媒介和行动者占领。传统媒体中的传统记者在科学信息的流动中扮演了重要的且被信任的守门人的角色。随着记者的流失，由此而来的问题是虽然剩下的记者很大程度上依然还在扮演着守门人的角色，但从绝对数量上看他们已经不再占据主导。科学报道的主要受众依然是那些对科学感兴趣且有一定科学素养的公众。记者们替大众决定哪些科学看法是建立在科学共同体共识基础上具有科学合法性的，哪些是边缘化的，虽然有时候这些决定并不完美。好的记者还更进一步试图帮助人们理解科学对公众来说到底意味着什么。不过今天传统记者和主持人的影响力都已被大大稀释了。

简单来说，鉴于大部分行动者可以直接通过互联网和公众对话，且新闻业处于持续萎缩中，记者的守门人和公共理解功能已被大大削弱。对于偶尔上网了解科学信息的人来说，甚至对于一些传播者来说，由于许多知识中介都非常活跃，要辨别一个科学看法已成为科学界共识还是处于边缘地位已变得越来越困难。乐观地说，多元化的新闻来源和多元化的报道角度让科学信息更为民主化。但即便如此，辨别是非的重任还是从新闻生产者身上转移到了信息消费者身上，可大部分消费者并不具备这样的能力，毕竟这不是人们日常生活中的首要任务。

纸质媒体、广播及有线电视作为新闻来源能为大众提供好的科学报道，但内在的限制依然存在。广播及电视的新闻报道通常比较简短，虽然广播电视频道需要大量素材来填充每周7天每天24小时的新闻时间，但那些素材大部分情况下与科学无关。而主流报纸和杂志上的长报道通常针对的是精英读者，特别是那些对科学感兴趣的精英读者。小众的科学类广播电视节目也面临着同样的情况。对于那些对科学特别感兴趣的受众来说，也许这并非坏事，但对其他人，尤其是那些不怎么主动寻找科学信息的人来说，恐怕就不太容易接触到这些内容了。可以说，科学信息不但难找，且信息质量良莠不齐。例如，有关气候变化的报道，不论是讨论《难以忽视的真相》[1]中的曲棍球杆曲线[2]还是"气候门"事件[3]中的邮件，都比现在无所不在的被迫搁浅在浮冰上的北极熊形象要更具信息性。

---

[1] 《难以忽视的真相》（*An Inconvenient Truth*）是哥伦比亚广播公司、派拉蒙公司等七家公司于2006年联合发行的一部环保纪录片，讲述了全球气候变暖及环境恶化所带来的明显的灾难性后果，并在最后呼吁保护环境、减缓暖化。该片由美国前副总统阿尔·戈尔主持并进行讲解，获得了2007年第79届奥斯卡金像奖。

[2] 在全球变暖作为一个科学事实被许多公众接受的过程中，占有核心地位的科学证据是一条名为"曲棍球杆"（hockey stick）的著名曲线——该曲线基本水平，只在右端明显翘起，状如曲棍球杆，故得此名。戈尔在《难以忽视的真相》中极力强调了这一曲线用来说明全球变暖的趋势。

[3] "气候门"（climate gate）事件指的是2009年11月多位世界顶级气候学家的邮件和文件被黑客公开的事件。邮件显示，一些科学家在操纵数据，伪造科学流程来支持他们有关气候变化的说法。"气候门"事件后，人们的焦点开始转向全球气候变暖是否可信。

即使是那些主动寻求气候信息的受众也有可能遇到困难。在谷歌上搜索"气候变化"或"气候变化是否真实"，你会轻易地发现各种答案——有些认同气候变化的事实，有些反对，有些貌似中立，但仔细一读就会发现在中立的外表下隐藏着怀疑论调。有些内容来自传统媒体如报纸或杂志的网络版，有些来自于网络信息，还有些则出自商业来源，说的多是企业在清洁能源领域的贡献或是使用化石能源可能带来的问题。还有不少内容是来自政府部门或非政府组织的，当然还有一些来自彻底的气候变化怀疑论者。这表面上看起来像是一个拥有健康民主氛围的"意见的自由市场"（market place of ideas），在这个意见的自由市场中信息使用者可以自行选择看法。这也可以被理解为一个略微扭曲的科学内容的集合，这些内容代表了特定的兴趣抑或是得到了"信息津贴"（information subsidies）[1]的资助。问题是信息使用者们往往难以区分哪些信息是为了谋求利益，哪些信息是带有公共教育意义的。不论是企业的"漂绿"（greenwashing）[2]行为，还是气候变化怀疑论者阵营用主流气候科学的外表来伪装怀疑论信息的行为都变得越来越普遍。在此背景下，不得不依靠信息使用者自己来辨别信息背后的目的，

---

[1] 通常认为"信息津贴"资助下生产的内容及信息分发旨在改变媒介议程，从而影响公众舆论（Gandy，1982）。

[2] "漂绿"（greenwashing）指的是某些企业或商业项目假借绿色环保之名蒙蔽公众，进行名不符实的环保形象包装，以各种营销手段大打环保牌，将不够环保的产品或服务包装成"绿色"误导消费者，或表面上支持环保事业，实际上却背道而驰。

下一章内容将更进一步讨论该问题。

但很少有人，包括那些受过良好科学训练的人，能完全读懂发表在学术刊物上的科学研究，除非人们一直都特别关注此项科学内容，了解其研究背景（如是否存在竞争性研究），知道研究者及其所属科研机构的可信度，清楚与该研究相关的早期研究成果，懂得研究所使用的方法的优势与不足，熟悉特定的学术词汇和研究假设，对目前学术界有关该问题的热度和口径有所了解。人们只能依靠新闻报道或其他信息中介来了解和判断信息，对科学信息来说更是如此。随着科学文献数量爆炸式的增长，各个科学家的研究越来越专业化，人们了解和判断科学信息的难度只会越来越大。所以，人们需要信息中介。但今天大部分甚至可能是所有的网络信息中介都代表着特定的利益群体，从非政府组织到能源公司，从大学及学术机构到政策研究智囊，从保守派到民主派。

为什么说这会导致严重的问题？因为人们寄希望于多元化的声音能够平衡"意见的自由市场"，但信息津贴的存在可能导致在展示现有或新兴科学知识的图景时带有偏见或更侧重于共识性信息的呈现。但无论如何，这个问题都有可能存在。一二十年前的科学传播，即在被描述为大众传播的线性传播模型中，其实就包含了大量由信息津贴资助生产的内容。但在大众传播时代，人们认为记者扮演了信息把关人或是翻译的角色，会对来自机构或是新闻发布会的信息进行形塑后再发布给公众。当然，线性传播模型远非完美。在此背景下，人们开始试图就科学问题寻求媒体以外的声音。如果开展得当，当然很好。但如果只是浅尝辄止，则可能给那些并不旨在讲述科学事实的公关信息以可乘之机。在气候变化问题上，这些公关信息可能是对气候变化的怀疑或是对相关政策的反对，而这些都代表了特定的商业利益，如能源生产者中的矿石燃料生产厂家。正是这些现象让学者和科学传播者们开始重新思考科学及环境报道中的"客观性"和"信息平衡性"概念。

需要说明的是：科学家们常常会抱怨媒体报道没有聚焦于全部的科学事实而只报道了部分事实，这似乎已经是一个老问题而非新挑战了。在这个问题上，科学家们考虑更多的似乎是完整性而非事实真实性。在科学家常常发表的学术期刊文章中，研究的局限及方法上的细节都需要被一一报告。但新闻报道需要同时具备可读性和趣味性，因此方法上的细节及科学研究的不确定性往往会被忽略。为了吸引受众，研究的意义在某些报道中可能会被夸大。对于科学家来说，这种做法就等同于错误地传达信息。在专家眼里，人们通过简单的网络搜索得到的答案可能是完全错误的，但人们却无从判断。

大学及研究机构，不论是否通过媒体，在传递科学知识方面都做得很好，能够有效地将研究人员的研究成果传递给受众，包括政策制定者、基金会、既有与潜在的捐助人、现在与将来的学生、教工及其家属等。大学对外发布的新闻稿，不论是传统的纸质稿还是新兴的网络新闻稿，都是大学对外传递信息的重要渠道。现在又多了网站和邮件群，也能起到很好的宣传作用。在相关人员的努力下，这种类型的科学传播能够很好地服务于校园外的社会，但必须承认这种科学传播并非完全无关利益。所有的美国大学，即使是公立大学的兴衰都取决于学校的声誉。在这一点上，大学和企业并无二致。从这个意义上说，大学的新闻稿和企业的新闻稿一样都是"信息津贴"下的产物。不过，毕竟大学发新闻稿是为了在传递信息的同时提高声誉，所以如果新闻稿中存在信息偏差对学校来说反而增加了风险。

许多人记忆犹新的"冷核聚变"[1]争议就是一个非常典型的公立大学意图推广自己的研究成果，结果反而导致声誉受损的例子。1989年，美国犹他大学的庞斯（Stanley Pons）和英国南安普敦大学的弗莱西曼（Martin Fleischmann）宣称在实验室里实现了冷核聚变，并通过犹他大学的新闻发布会使此事广为人知，一时引起了科学界的轰动。他们的研究结果对能源领域来说代表着突破性的进展，意味着人类有希望能够以极低的成本产出大量能源，但他们的实验结果并未经过同行评议。换句话说，虽然他们的研究引来了全球的讨论和关注，但他们过早地对外宣布了自己尚未成熟的研究，并以个人和大学的名义开始对外申请研究基金。当时的犹他大学校长还特意赶到华盛顿为成立一个冷核聚变研究中心向美国国会申请2500万美元经费。如此操之过急地绕过了传统的信息把关人（如学术期刊的同行评议人），将初步的研究结果过早地公之于众，后来始终没有人

---

[1] 如果能把核聚变的反应条件降低至接近常温常压下进行，那将意味着人类彻底解决了能源问题，这样的技术称作冷核聚变。

能成功地重复出庞斯和弗莱西曼的实验结果，这个故事也成了科学界乃至美国社会几乎人人皆知的反面案例。

庞斯和弗莱西曼知道他们初步的研究发现后来根本无法通过科学的检验，甚至同行们根本无法通过重复试验得出相同的结果吗？答案不得而知，但有时候研究者本人确实无法针对自己的研究做出最好的判断。科学传播史研究者布鲁斯·赖温斯坦认为科学传播的发展很好地反映了新传播渠道的出现能够导致科学研究扩散形式的增加，如在全球范围内通过传真来发布科学信息以及通过基于互联网的人际沟通（在莱文斯坦的时代，他所谓的基于互联网的人际沟通主要还是通过在网络论坛和新闻组里发帖实现的）来以更快的速度、比单向"线性传播模式"更复杂的方式传递科学信息（Lewenstein，1995）。科学本身就存在着大量流通中的信息及科学的不确定性。科学传播的世界正在以更快更无法预料的速度发展着。科学信息的体量之大，传播速度之快显然让人们觉得难以追赶科学的发展。这种趋势不光影响着记者，也影响着所有人。

大学及科研组织正在慢慢调整优先级，将满足媒介对新闻的需求作为优先事项，这一过程被德国社会科学家彼得·威纳特（Peter Weignart）称为"媒介化"（medialization）（Weingart，2001）。今天的社交媒体正在成为年轻的科学家们公开讨论科学研究的平台，也是大学投入更多资源用以推广自身科研成绩的渠道。回过头去看，我们会发现20世纪有关冷核聚变的争议就像一个先兆，揭示了一线的科学想法市场从科学共同体和科学记者内部转移到更广大的社会中的历程。与此相关，2009年，来自美国、英国、加拿大、澳大利亚以及欧洲、亚洲的其他国家的一批顶尖的研究型大学共同成立了一个致力于大学科研报道的非营利性新闻网站Futurity（www.futurity.org），直接与公众免费分享科学家们的最新发现。斯坦福大学的对外传播副主席，同时也是网站的联合创始人莉莎·拉宾（Lisa Lapin）将创建Futurity这一举动描述为"在传统新闻媒体日渐萎缩的时代发起的创建科学研究与社会大众间的直通管道的行为"（Orenstein，2009）。这是一个明智之举——Futurity发布的新闻报道在科学上坚实有效，在写法上通俗有趣，同时通过链接经同行评议后的原始研究成果等方式建立了可信度。在Futurity这个网站上有不少关于气候变化的文章，有一些专门分析了缓解和应对全球暖化的策略。这个网站传递的主要是来自个体研究或某些研究者和研究团队的科学发现，以及那些以往由大学通过新闻发布会对外发布的科研信息。这样的网站提供了一种途径来向大学之外的那些对科学感兴趣的受众展示和推广作为网站创始机构的大学们的科研成果，可以凸显新的科学趋势，兼顾不同的科学理解或提供广义上的科学背景。当然，该网站只反映了极小一部分大学的兴趣和利益所在（根据教育统计中心的数据显示，参与该网站的大学只占到了美国大学的2%左右）（National Center for Education Statistics，2015）。大家肯定会问，到底有多少人以及到底是哪些人访问过这个网站。不论到底有多少人访问过这个网站，也不论网站提供的内容有多好，这种

"信息津贴"式的传播方式始终不能完全取代高质量的科学新闻。但传播学者或许可以对这种"信息津贴"式的传播趋势及其可能的影响有所研究，特别是在当下营利性大学越来越多，且所有的大学都对经费趋之若鹜的背景下。

多元化的气候传播参与机构

除了大学和政府部门外，大量非新闻机构也开始进入到科学知识的中介产业中来，包括各类企业、非营利性团体等都在推广自己的议程。他们甚至不需要像Futurity这样的网站作为中介，就可以通过互联网上的各种渠道直接接触公众。

毫无疑问，那些原则上对政府管理气候问题持保留意见的保守派政治团体会反对针对能源行业的政府规制，而希望政府干预环境问题的民主派、激进派和环保主义者则会有截然不同的立场。我们可以认为，这样的意见极化反映了"那些试图为既有的经济体系说话的群体与那些愿意承认环境问题是工业资本主义后果的群体之间的紧张关系"（McWright & Dunlap, 2011）。

美国前副总统戈尔的电影《难以忽视的真相》传达了大量有关气候变化的信息，他认为可以借此让人们充分了解气候变化，而当人们充分了解气候变化后，就会在环保态度和环保行为上有所改进。这是典型的科学传播的缺失模型。但事后看来，公众中不喜欢戈尔的人似乎更倾向于不接受《难以忽视的真相》所传达的气候变化信息。目睹了类似这样的缺失传播模型的失败后，科学传播学者们应该能够意识到缺失模型的前提，即足够的科学信息就能让人们在态度和行为上有所改变，是错误的。在传授后代科学知识时，人们更应注意到这一点。公共领域中的科学争议包含了政治和经济利益、社会价值和社会信任等问题。虽然科学事实本身是作为事实存在的，但有关科学的社会争议却并非单纯地只围绕科学本身。基础的科学教育应该把政治利益和科学诉求之间的复杂关系考虑在内。

毫无疑问，能源行业有自己的信息策略。举个例子，在2016年美国大选期间，有一条流传极广的广告，这条广告将那些做出有利于石油和天然气储备行业发展选择的人刻画为"能源选民"（energy voter）。该广告的赞助机构Vote4Energy.org在网站上建立了"能源选民"承诺区，让人们加入这个承诺区，同意支持能源行业的发展，支持能够全面提升能源影响力的政策及其他前瞻性的有利于美国繁荣发展、有利于提升国际影响力的能源政策。网站上同时还有警示："人们的承诺可能会因为陈腐且限制性的政策而被废弃。"这种做法是不是听起来非常合理、积极且中立？值得注意的是，虽然光看网站难以发觉，但《赫芬顿邮报》通过调查发现发起这次活动的Vote4Energy.org背后是美国石油协会（American Petroleum Institute），这个组织被绿色和平组织称为"为大型石油集团服务的头号政治游说势力"（Gerken，2012）。

一些环保组织把环境变化作为自己的头号议题来推动，但美国现在极端化的政治氛围让环保组织的这项工作变得极为复杂。一提到要降低"黑色"能源的开采和消费而更多地依赖清洁能源，如减少煤炭使用，人们首先关注到是就业机会的流失，特别是在那些世世代代依靠煤矿开采为生的"采煤区"。这也会让那些传统的自由主义支持者——蓝领工人，和反对政府就气候问题进行管理的保守派人士站到一起，从而让气候问题再度回归到政治问题。

作为一个可能减少温室气体产生及应对某些环境问题的对策，人口控制这一想法在美国并不流行。推广这一想法极有可能会受到来自政治保守人士和某些宗教团体的反对。虽然这个想法看起来很理性，且2012年的盖洛普社会调查显示89%的美国人（包括82%的天主教徒）觉得生育控制在道德上可被接受（Newport，2012），但在人口控制不可避免地与人工流产及政府干预个人生育权等热点政治问题相关联的政治和社会氛围中，这个想法注定没有太大前途。

本书的重点不是讨论复杂的政治生态如何影响社会对气候政策的支持，要创造公共的氛围来讨论气候问题需要传统的环保机构想方设法发布气候信息，组织相关的活动，从而吸引这些机构一直以来的追随者，甚至在此过程中吸引新的受众。但对于气候变化问题来说，这并非易事。不少环保机构的建立都在气候问题被认为是严重的环境问题之前，而这些机构大部分自建立之初就确立了具体的关注焦点（当然不会是气候变化），并吸引到了自己的追随者。气候变化问题也会被这些环保组织提及，但多数只出现在这些组织讨论既有关注焦点和目标的声明中。例如，野生动物及其栖息地保护组织目标是保护受环境威胁的动物，如提到气候变化时人们脑海中会出现的标志性的北极熊。这对于这个组织一直以来的追随者们是适用的，但该机构不太可能会去进一步拓展自己的追随者，吸引那些不关注动物而关注气候问题的人。为此，人们需要新的环保组织。事实上，新的关注气候变化的环保组织正在建立中，只是发展得没那么快。

在如何协调旧有的环保目标和目前的环保任务并得到追随者的认同上，不少环保组织都碰到了壁垒。以美国环保协会（Environmental Defense Fund，EDF)和塞拉俱乐部（Sierra Club）为例，这两个环保团体在美国都有一定的知名度，也都把气候问题纳入了自己的环保目标中。美国环保协会[1]认为自己的愿景是以环境保护为目标，利用市场和科学的双重推动力，在吸引传统追随者之外继续扩大协会的影响力。例如，通过和商业力量合作，或如新闻报道的那样，为南卡罗莱纳州共和党参议员林赛·格雷厄姆（Lindsey Graham）这样的相信气候变化的政治家和保守派核能反对者提供经费（Adler，2014）。林赛·格雷厄姆曾参与了早期美国化石燃料总量排放交易体系

---

[1] 具体请见 www.edf.org

(Cap and Trade)法案的起草。虽然这个法案最终失败了，但众所周知的是格雷厄姆在这个法案中添加了为核能行业提供大量补助的条款，而大部分环保主义者都反对使用核能源。美国环保协会还因为在页岩气开发问题上与大型的能源集团走得太近而备受质疑（Song & Bagley，2015）。举这个例子不是要说明美国环保协会在自己所声明的立场上不够真诚，只是由此可以看出，虽然有些政策从市场和科学的初衷上说是具有环保意义的，但可能对于环保组织的传统追随者来说仍难以接受。不论美国环保协会是支持林赛·格雷厄姆还是在页岩气开发问题上与商业利益靠得太近，该组织试图吸引的那部分环保人群可能都会因为这些举措而感到不安。

奇怪的是，美国环保协会的网站只在捐款页面上有北极熊的图像，但整个网站却没怎么提到核能源，也没有表明该组织在核能问题上的立场，倒是在页岩气开发需要强有力的管理这一问题上立场明确。有意思的是，2015年12月，美国环保协会发起了一个旨在改善科学新闻事实核查的倡议，表明了自身对基于科学的政策的重视。人们在能源问题上的立场反映的实际上是他们的信任感和价值观，正如在其他科学问题上一样。这并不意味着传达正确的科学知识不重要，只不过大多数情况下，光传达正确的科学知识并不足以劝服每一个人。即使从科学的角度上说，至少在短期内，核能源和页岩气是比煤炭更环保的能源，但大部分环保主义者，特别是传统的追随美国环保协会的人恐怕一时仍难以接受。

　　另一个有名的环保组织就是塞拉俱乐部，该组织把自己描述为"美国最大且最具影响力的草根环保组织"，并表达了对清洁能源的支持及对核能源开发政策与页岩气开发政策的反对。该组织由著名的环保主义者约翰·缪尔（John Muir）于1892年5月28日在加利福尼亚州旧金山市建立，强调荒野的休闲价值、景观价值、教育价值和科学价值。该组织网站的标语就是要"探索、欣赏和保护地球的荒野"，希望人们能够"突破化石燃料的局限，保护美国荒野，享受户外景观"。但该组织近些年也在环境政治问题上遇到了和美国环保协会类似的问题，即如何协调旧有的环保目标和目前的环保任务并得到追随者的认同。塞拉俱乐部一方面试图吸引他们一直以来在荒野保护上的追随者，另一方面试图吸引目前关注气候问题的清洁能源支持者，这两个群体可能存在重合但依然有所不同，由此而来的紧张局面显而易见。例如，在该组织的网站上说到"风能的发展引起了塞拉俱乐部成员的强烈关注"，塞拉俱乐部"反对在保护区域内，包括那些具有特殊的景观价值、自然或环境价值的区域内开发风能"[1]。但这样一来包括的区域就非常广，可如果出于气候考虑推广风能的话通常并不限区域。换句话说，一个以改善气候为中心使命的机构不应该存在这么广泛的发展风能的阻碍。

　　以上的两个例子——美国环保协会和塞拉俱乐部都是非常

---

[1]　具体请见 www.sierraclub.com

有名且广受尊重的环保组织（虽然两者也都曾被公众批评过）。举这两个例子不是要批评或夸奖任何环保组织或气候团体的举措或政策，而是想要说明当一个环保组织在面对既定的环保使命和新出现的具有迫切需求的气候问题时，要协调旧有的组织目标及追随者和新的环保目标时可能产生何种紧张局面。同时，这两个例子也很好地说明了好的环保团体也可能在能源问题上存在矛盾立场而无法统一自己的口径。

当然，随着时间的推移和公众气候意识的觉醒，我们很有信心会看到越来越多专注于气候问题的环保组织不断涌现，而现有的这些环保组织也会逐渐把气候问题纳入自己讨论的框架。但如果把现有的环保组织作为社会机制的重要组成部分，当这些组织并不是为气候变化而设时，这些组织在气候问题上的立场就可能会受限于环保组织的历史和既有使命。

同时，支持解决气候问题的也可能是其他不相干的，甚至是预料不到的机构。接下来要讨论的两个政府部门，再加上本章之前讨论过的资源管理组织就属于这一类。一个政府部门是美国国防部。为了回应国会的要求，最近美国国防部发布了一份重要的有关气候变化的国家安全意义的报告（Department of Defense，2015）。报告的结论是气候变化可能会进一步削弱目前世界上一些政治不稳定地区的实力，限制某些国家的政府满足本国国民需要的能力。国防部和环保主义者的关注点少见地不谋而合了。另一个政府部门是美国疾病控制与预防中心（U.S. Centers for Disease Control and Prevention，CDC）。通过其始于2009年的"气候与健康"项目，美国疾控中心追踪了各地与气候相关的死亡率和医疗费用，进而根据不同州和城市的需求调整能提供的帮助（Centers for Disease Control and Prevention，2015）。美国疾控中心预计气候变化会导致与炎热或气候相关的死亡与伤灾及致病有机体和病媒生物的范围变化，也可能导致食物和水在可用性与安全性上出问题，甚至可能迫使人们迁移。健康是人们广泛关注的问题，应该会有更多人因此而关注环境变化。

不过，如果人们不主动寻找有关气候变化的信息，以上这些研究结论不太可能为所有人所知。即使人们能得到这些信息，对这些信息的理解还取决于他们的政治理念及对信息来源的信任。大部分科学新闻，和其他类型的新闻一样，都是由事件驱动的。因此，当大暴风雪、重要的新科学发现和大型的国际会议结束后，气候问题往往会被其他更紧急的危机事件从新闻议程上挤掉，人们也不太可能看得到。虽然现在的情况已经清楚地预示了气候变化可能成为未来的灾难，但气候问题在现阶段仍然容易被忽视。

新型的受众：主动的信息寻求者

传统媒体和互联网上信息的海量性让那些想要更多地了解气候问题或其他复杂的科学问题的公民必须首先是聪明的信

息消费者，知道自己在寻找什么且有动力去寻找这样的信息。是什么让人们成为主动的信息寻求者的，特别是在那些有关风险的话题上？早有学者开始关注这一问题，并给出了答案。Griffin（1999）等学者提出了风险信息寻求和加工模型（Risk Information Seeking and Processing Model，简称RISP模型），这一模型包含了早期信息处理模型中的一些概念，例如从启发-系统式模型（Heuristic-Systematic Processing Model）（Eagly & Chaiken，1993）中来的概念"信息充分性"（information sufficiency，即人们觉得自己实际需要多少信息）和"信息能力"（information capacity，即人们觉得自己在多大程度上能掌握相关事实）、"渠道信念"（channel beliefs，即可获得信息的渠道，如新闻媒体等）（Kosicki & McLeod，1990）、和"对风险的情感响应"（emotional or affective response），以及从着眼于他人期待的计划行为理论（Theory of Planned Behavior，TPB）中的关键观念衍生而来的"信息主观规范"（informational subjective norms，即人们认为他人期望自己知道什么）（Azjen & Fishbein，1980）。在风险信息寻求与加工模型中，还包括了被感知到的风险的特征和个体的心理学变量等。

风险信息寻求和加工模型这一复杂的理论模型已被反复验证并在不同的研究背景下得以运用。本章篇幅有限，就不在此对该模型展开说明了。对本章的讨论来说风险信息寻求和加工模型的重要性在于其从理论上说明人们会寻找感觉自己需要的信息或自己感觉他人期待自己了解的信息。其信息寻求行为取决于多种因素，如对特定信息渠道的看法和信任。其中，对特定信息渠道的看法和"信源可信性"这一在大众传播研究中源远流长的概念有关，而信任是风险传播研究中的核心概念。讽刺的是，这一模型并不是互联网时代的产物，它比互联网出现得更早，但最终很好地从受众角度契合了对急剧增长的信息选择的研究。今天，风险信息寻求和加工模型与现实的相关性比它甫问世时更明显。

在本书之前的章节里曾经提过，该模型被用来研究人们对减轻气候变化的政策的支持（Yang et al., 2014）。那个研究采用在线实验的方式，以学生为实验对象，用两篇报纸报道作为实验物，一篇讨论的是政府强制的碳税（集体行为），另一篇讨论的是个人减少使用空调的可能性（个人行为）。研究发现，那些使用所谓"系统化"或深思型信息处理方式的实验对象更有可能支持减轻气候变化的措施（在风险信息寻求和加工模型中，除了信息寻求外，信息处理方式通常会作为被预测的结果变量）。令人不安的是，研究还发现，那些对自身的气候知识相当自信的实验对象可能只会用"直觉式"或启发型的方式来处理信息，那样的话人们可能会因为过分自信而失去学习更多知识的机会（Yang et al., 2014, p.317）。

在许多传播学研究文献中，包括那些风险信息寻求和加工模型的文献中，在信息影响力上，所谓的系统化或深思型信息处理方式会优于直觉式或启发式信息处理方式。想象一下，有人站在图书馆、书店或一台电脑前，一本接一本书或一个网站接一个网站地查看。有些书或网站可能因为题目不太吸引人而被一眼带过，看书或用电脑的人可能只是因为不了解作者或未被题目甚至书的封面或网站首页所吸引而忽略了信息。所有这些情况都有可能导致信息寻求者较为浅层地接收或部分接受书的信息，而非通过深思或系统化的方式处理信息。长远来看，往往是那些需要更系统化处理及更深入思考的信息更有可能具有较大的影响力。

系统化信息处理往往被认为是好的，不过直觉式信息处理也并非总是坏事。事实上，上面提到的那个在线实验研究发现直觉式信息处理和对政策变化的支持之间不存在关联，而非负向关联（Yang et al., 2014）。需要强调的是，在如今这个因数字媒体而信息过载的时代，人们需要想办法来关注、限制或管理自身的信息寻求。人们被迫在"满意即可"[1]的基础上做出决定，换句话说，通过获取差不多足够的信息就可以做决定或定立场(Simon，1956)。人是复杂的，直觉式信息处理和信息满足在某些情况下可能是理性的策略。有些人可能只需要有限的科学知识就能采取行动，有些则可能需要在了解足够多的科学信息后才能有所行动。

正如学者们所注意到的那样，本书第三章中也曾提到，传

---

[1] 术语"满意即可"（satisficing）是"满意"（satisfying）加上"够用"（sufficing）的结合体，是由社会科学家赫尔伯特·西蒙提出的。西蒙认为由于人的观念、智慧、认知力、知识、技能、精力、时间等是有限的，所以人们不可能总是把所有的问题都考虑到，找到最佳的目标和最佳的方法，因此只需足够好（good enough）达到满意度就行。

播学文献认为可能激发负面情绪（如恐惧）的信息在传播时应该附带有关效能的信息，如人们该采取何种措施对抗威胁。这最早是从健康传播中过来的。如果没有告诉人们该采取何种措施，出于恐惧，人们就会简单地关闭或强化自身的抗拒机制（不论抗拒的对象是气候变化还是戒烟）。对气候问题来说，提供效能信息是至关重要的，不只是为了减少可能引发抗拒的恐惧信息的潜在影响，也是鼓励人们在收到信息后及时采取积极行动的一种手段。人们的行动并不总如人们预期的那样发生。除了环境价值和个人相关性等因素外，确认偏差和动机性推理[1]都有可能会导致这种情况。更进一步说，有些人可能觉得自己在理解科学时已拥有了足够的信息，但采取行动需要的却是另一类型的信息。由于对抗气候变化需要的是全球共同的努力，针对个人的效能信息可能无法发挥足够大的影响。

风险信息寻求和加工模型及考虑总体行为后果的计划行为理论的共同优势在于包含重要的集体性考量——他人对自己应该知道什么的预期（在计划行为理论中即人们应该做什么的预期）。旨在预测信息寻求的风险信息寻求和加工模型在定义效能时主要考虑的是信息因素，而旨在应用于更广泛问题的计划行为理论所定义的效能感大都关乎采取行动的可能性及采取行动可能产生何种影响。一项基于计划行为理论的有关气候变化

---

[1] 确认偏差（confirmation bias）即寻找和个人既有理念相符的信息；动机性推理（motivated reasoning）即当人们对某个问题有着先入为主的偏见时会下意识地寻找论据来证明这个偏见，从而陷入非理性的思考之中。

信息的研究显示，虽然民主派、中立派和保守派人士对不同形式的效能信息反应各有不同，但效能信息能够增加所有派别人士的希望感，而这种希望感又转而增进了他们的政治行动意图（Feldman & Hart，2016）。恐惧也会在某些群体中降低他们的行动意图。这样的结果可以被理解为，对于健康类的推广信息来说，效能感可能可以阻止无助感，而这种无助感的存在会削弱人们的行动意图。当然，这些问题还需要更多的研究。

还有研究者在实践背景下检验了人们的行为模式——房主参与家庭能源节约升级计划的意图，研究者们发现房主的参与意图不光是对通过节能可以在经济上有所节省的希望的回应，还受到房主的环境价值观影响（Priest et al.，2015）。基于创新扩散理论（Rogers，2003）和计划行为理论，该研究考察了人们采取节能措施的意图，这些节能措施包括改进后的隔热材料或更节能的家用电器，而这些都需要房主进行一定的先期投资。在内华达州的邮寄调查中，95%的调查对象表示在能源账单上省钱对他们来说是重要或非常重要的，但只有4%的调查对象计划在不远的将来就此采取行动。研究发现，对行动意图的最佳预测变量包括环保取向和对节能的积极态度；基于创新扩散理论的原始模式，简单地将人分为早期或晚期采用者是不够的，需要将价值观和态度考虑在内。

信息环境已经变得越来越复杂，但除了科学事实，还有情绪、价值观、态度和预期等因素都能影响人们的气候行为。在接下来的两章内容中，作者将回答两个互相关联的问题：在传统的把关人相比几十年前不再那么重要的今天，记者和公民到底需要具备什么素质才能理解科学发现？为什么气候变化少见于媒介议程和公共议程？这个问题该如何解决？

第六章
批判性科学素养的形成

　　研究认为的对科学论断及相关问题的系统化信息处理会比对此类信息的直觉式处理更有利究竟意味着什么？当人们要寻求或找寻有关气候变化的信息时，该做些什么？考虑到影响对科学论断的理解的背景知识和研究假设的复杂性，从不同的角度来思考科学素养会对气候传播更有帮助。这个结论也许无法直接解决人们对气候变化论的抗拒，但却能帮助人们更好地理解科学传播和科学教育在发展过程中面临的需要解决的挑战。有关气候变化解决方案的民主讨论最终需要建立在公共的基础上，而本章想说的是，这个基础需要包括：（1）批判性地思考科学论断的能力，采用深思型的信息处理方式；（2）对科学论断是怎么来的有一定的理解，即明白科学的运作机制。从缺失模型到对话模型的转变及人们所处的免费的网络信息环境都对公众提出了更高的要求，因为不论科学共同体的结论如何，人们需要自行选择最终相信哪些科学论断。

---

[1]　本章部分内容改编自作者于2013年6月发表在 *Bulletin of Science* 上的文章 "Technology & Society as Critical Science Literacy: What Citizens and Journalists Need to Know to Make Sense of Science"。

我们首先关注的是在过去的传播学研究中，学者如何看待这个问题。人们的价值观乃至意识形态在他们形成有关气候问题的看法过程中扮演着重要的角色。特别是政治意识形态，在人们接受有关气候的科学知识的过程中是一道巨大的分水岭。但意识形态与气候决策并不总是相关。那些接受气候变化这一科学事实的人可能并不愿意接受某些解决方案（如能源政策中的核能源利用或碳总量排放交易体系这样的经济政策），还有些理性的人在选择政策时可能会基于价值观和意识形态而非严格基于科学。如果说依靠个人的价值观和意识形态无可避免，其结果也不一定是好的或坏的。用个人价值观在现有的对科学证据的不同理解中进行抉择可能不是一个好办法，但运用个人价值观基于现有的科学证据来决定做什么是可能却正确的路径，这一路径应该包括主动的参与式思考和讨论而非简单的政治极化。

研究人是如何处理信息的学者往往认为系统化的信息处理是更有利的，因为系统化的信息处理更有可能让人持续学习并让人们的想法更明智，而直觉式/启发式的信息处理则基于浅层线索，有时甚至会导致下意识的否定事实的反应，这可以说是最糟糕的一种直觉式信息处理的情况了。事实上，这两种认知方式之间边界模糊，系统化信息处理和直觉式信息处理也许更应该被认为是一个连续体而非二元对立（Seethaler，2016）。对科学而言，两者更难分彼此。由于科学数据从来无法自行得出结论，对非专家来说要恰当地处理科学信息，一定的启发式信息处理是必要的。人们需要决定哪些科学家或发言人作为科学信息来源是值得被信任的，这种判断并不容易做，尤其由于在科学中要保持开放思想就意味着一个最终被证实的理论也许来自于人们完全想象不到的来源。在完全不依靠直觉的前提下，要知道去信任哪些科学及科学家并非易事。可以帮助人们做出判断的捷径有如科研机构、学术学位，其他科学家在回答该科学问题上的一致性等也是非常重要的。

到目前为止，本书所讨论的大部分内容都在试图强调传播的集体性和社会性，不论是在气候问题上还是在其他科学问题上。人际交流和传播不可能发生在与世隔绝的环境中。人生来就是社会性生物，不可能在真空或实验室环境下形成持续性看法。支撑人们看法的价值观和信念通常是集体形成并接受的，当然在今天的多元社会中，不同群体之间及群体内部可能在价值观和看法上都存在差异。科学传播从"缺失模型"到"对话模型"的转变意味着，至少部分说明，深思型讨论通常能成为个人反思的重要补充。很明显，群体深入讨论和个人反思在人际交往和传播中都很重要。科学本身就是高度社会化的活动。本章想要说明的是，科学本就是一个人类整体大于个体总和的代表性案例。

强大如民意气候（不论是真实的民意气候还是观察到的民意气候），在从态度的形成推进到有意义的气候行动的过程中，也需要公众具有抓住并接受一些必要的科学事实的能力。虽然针对科学的民主讨论这一想法本身非常有吸引力，但科学可以被民主化的程度事实上有"硬性限制"——科学观点当然可以被质疑，也可能被发现是错误的，但科学观点的真假无法通过大众投票或讨论来决定。

本书的一大假设就是人类本质上是理性的，也即人类有能力进行深入的理性思考，而当人们表现出非理性时，可能是因为他们基于不同的价值观和信念获取了不同的信息或用不同的方式来处理了这些信息。无论如何，人生来理性这一假设是有必要的，否则民主就站不住脚。由此而导致的必然结果就是在一个多元化的社会中，当一些人的信念无法被彻底改变时只能绕道前行。我们希望那一小部分拒绝气候变化论的人，也就是沉默的螺旋理论所说的中坚分子，最后都能够融入主流观点，但究竟会如何发展仍难以确定。当今社会重视自由，压制异见就会违反自由这一价值观，所以即使社会没有达成一致看法也仍会往前发展。但在气候问题上，人类剩下的时间已经不多了。

气候科学的知识本身可能并不足以说服人们接受气候变化的事实，也许广义上从社会组织的角度出发的"科学是如何运作"的知识会更有说服力。随着作为守门人的科学记者人数的缩减及反对监管的意识形态拥护者们讽刺性地试图通过推广气候变化怀疑论来最小化政府对市场的干预，我们的社会需要重新思考科学素养的本质。这不是要回归到"缺失模型"的思考方式，而是要认识到狭义上所谓的科学事实并不是人们在有关科学相关政策问题上的态度和想法的唯一合法依据，人们对科学发展的看法也与此相关。科学家值得信赖吗？哪些科学家是

值得信赖的？为什么科学家们无法准确预测天气却觉得自己能
预测气候的变化？这些科学家是在愚弄公众吗？不确定性和相
关的概率问题在科学上是无可避免的。大部分人是如何理解这
一问题的？当人们试图寻找并最终找到气候信息时，该用这些
信息来做什么？

人们无法完全避免对科学发现的直觉式信息处理，而这一
信息处理方式实际上与我们现行的科学教育是一致的。尽管一
直在呼吁科学教育改革，但现在的科学教育仍然侧重对科学事
实的记忆而非分析。不过正如之前所说，直觉式的对科学信息
的处理对所有人来说，至少在某些时候是必要的。大部分人都
不是科学家，即使有博士学位，其专长也仅限于自己的专业领
域内。人们不可能拥有直接证实科学论断的能力，除非自己是
该科学论断相关领域的专家。人们只能选择信任哪些信息来源
或哪些科学理解。在气候问题上，至少相关的原始科研数据经
受住了新闻机构的考验。

科学素养通常被定义为（或至少被理解为）对特定的重要
的科学事实的集合的知晓，所谓重要的科学事实指的就是科学
问题上的正确答案。这个定义是极端短视的，不过也许在某些
情况下具有行政上的方便性与实用性。即使把科学素养定义为
技能集合也不全面——人们需要技能来评估科学论断，但人们
用于评估科学论断的技能和科学家们做出这些科学论断的技能
不尽相同，对科学研究方法的了解只是相关因素之一。要分辨
哪些才是站得住脚的科学论断所需的背景知识包括对以下这些

问题的认识：理解特定的科学论断总会伴随着一定的不确定性，了解科学专业化的本质，熟悉现有的科研方法（观察、分类、实验、建模），知道科学行为本身就是一个社会化过程。但这些都未被包括现行的对科学素养的检验中，也许其中的一些应该被包括在内。某些相关的要素，如科研机构的声誉等，看起来更像会被用于直觉式而非系统化信息处理。

有关气候与能源政策的讨论，不论是缓解气候变化的还是适应气候变化的，都有存在的必要。未来整个社会所做的针对气候变化的决策将会包括政治价值、环境价值乃至审美价值（如在风电场的建设中），也会包括人们对公平、公正、人类福利（如健康和安全）的评估。所以，不应认为将价值观或意识形态带入讨论是个内生性问题。通过价值观和信念来决定科学真实性常常会导致问题 [1]，但在有关科学的政策决定中还是需要包括基于价值的思考。意识到气候问题并发展出解决方案是一个非常受主观价值影响的命题，此过程中的各个步骤不可能逐一得到社会的一致认可。应该鼓励人们认识到价值观在决策过程中的重要性，从而鼓励恰当的基于价值观的思考，这样的思考也应该在有关气候的新闻报道和推广信息中有所体现。当然，这并不意味着科学证据应该被随意解释和理解。我们希望，未来有关气候问题决策的讨论能紧紧围绕着要做什么而不是气候

---

[1] 需要注意的是，在此背景下，一些研究科学的女权主义学者提出了一个命题，即科学行为本身就蕴藏着价值观和信念（Fausto-Sterling，1987）。在某些情况下，人们会不可避免地将价值观注入科学，不过大家还是会想办法减少这种情况的发生。

变化是否存在展开。也许公共传播中的议程转换能促使这种情况的发生。同时，对所有的讨论来说，有见识的参与者都是必不可少的组成部分。

科学的社会面及其重要性

尽管科学家很多时候被认为是"书呆子"且不擅长社交，但科学在很多方面却具有社会性。要理解科学是如何运作的需要知道：科学合作和指导是如何展开的，科研评审和同行评议制度的结构和功能，科研基金体系的博弈，学科协会和学术会议的角色与大学、科研基金会、学术期刊及其他重要的科研机构在培养和监督在科学事实的合力寻求中所扮演的角色。这些都是在重要的社会组织支持和管理下的社会分工（当然，这样的社会分工未必完美）。那些围绕科学进行公共写作的人，如科学记者，也需要对科学的社会面有所了解，因为他们所写的内容有培养并提升受众科学素养的潜力。"批判性科学素养"一词在本书中指的是对科学的社会本质的基本理解，包括对科学共同体内部在研究科学时所使用方法的多样性及不确定性在科学中无法避免这一基本事实的理解。

在评估一个新奇的科学论断时，特别是当这个科学论断超出了自己的专业范围时，深入思考科学家或其他具有科学素养的人会怎么做能帮助人们进行判断。他们会考虑做出该科学论断的研究者的背景，该科学论断是在何种平台上发表或出版的，该研究是由哪所大学、哪个政府或哪个业界实验室完成的。他们可能还会考虑这一研究结论与现有的研究范式是否一致，例如人们会怀疑宣称证明了鬼的存在的研究，因为这样的研究将彻底推翻进化论。一个具备科学素养的人可能还会考察一下研究的资助方或其他可能带入偏见的因素以及研究方法是否（至少在表面上看起来）科学。如果受众在科学和新闻上都有一定的经验，他们往往会仔细查看一下在新闻报道中是否提到了已咨询多名专家，或是否有证据证明在科学共同体内部就该研究相关的问题存在共识。

即使具备科学素养的人也无法完全避免会被带入伪科学的陷阱里。直觉式信息处理并不是一个"是或否"的命题，往往存在许多层次和方面，所以不是一件绝对的坏事。人们多多少少都会参与到对科学信息的直觉式处理中，人们也需要用这种方式来对科学信息进行鉴别、分类和分流，从而应对今天的信息过载。但这里所说的具备科学素养的人一般不会被一篇来自不明期刊上的由不具备专业资格的研究者在自家地下室里捣鼓出来的据说可以证明地球是平的研究文章说服，或者至少我们希望他们不会就此被说服。换句话说，一个具备科学素养的人应该对伪科学有一定的免疫力。

所有这些信息处理方式和帮助人们进行判断的线索为人们是否相信科学发现或相关信息奠定了基础，当然其中的一些信息处理方式可以是直觉式的。尽管这么说不太对，但有时候信任可以被看作直觉式的纯感性反应而非经过深思熟虑后的理性或系统化回应。不过，信任不是一种草率的情绪，而是源于自身所累积的有关类似背景下的信息或传播者的经验，源于自身对科学事业本质的了解。信任通常是出于非常理性的考虑，而不是肤浅或情绪化的情绪反应。在媒体的科学报道中，往往不包括详细的对研究方法或研究假设的说明，因而人们不太会在细致评估研究方法或研究假设的基础上判断科学信息。许多科学家都抱怨新闻在报道科学问题时过于简短，因为只有当内容包含了大量科学细节时（如在学术期刊的文章或详尽的学术展示中），人们才能对科学信息进行详细的评估和判断。但对作为非科学家的受众来说，过多的细节也许反而会转移他们的注意力。人们选择相信给人们提供科学报道的科学家和记者，并会对一些信息线索如研究者的背景和研究机构有所留意。

即使是像期刊文章一样需要经历同行评议之类的系统性信息评估也无法保证信息评估结果毫无差错。专家们无法在读所有期刊文章或研究报告时都准确无误地指出被歪曲之处——他们只能发现研究在逻辑上存在的错误，如一些统计学问题；或评估研究所使用的方法是否合理；找出可能存在的遗漏，如没有引用某些与该研究直接相关的作品；或像人们所希望的那样，在大多数情况下一眼识别出毋庸置疑的学术骗局等。最后，专家们还是不得不信任科学家及科学家们所说的自己实施的研究。研究结果必须通过重复性研究及学术会议上的共同讨论来加以验证。科学真相最终会经由集体性的过程得以提炼。这个过程并不完美，特别是短期来看，但这可能是在目前的环境下人类文明所能实现的最好状态。

作为具备科学素养的人，甚至是科学家们，在衡量新的科学想法时，往往会极大地依赖科学的精神气质（ethos）。科学的精神气质是社会学家罗伯特·默顿（Robert Merton）提出的。换句话说，人们会假定研究行为是由有道德的人在对科学真相公正的寻找中实现的。如果科学家们总是通过捏造数据来愚弄他人，整个科学体系将会快速崩塌。当然，科学家捏造数据的事件肯定不会常常发生。科学家们也可能会出错，这样的事时有发生。了解这一点也是批判性科学素养的一部分。每一个科学论断都有不确定性，需要通过不断的观察和对既有数据的新理解来更好地作出解释。

在现实中，很难想象普通人，甚至科学家们，能够通过观察数据或质疑研究过程中的细节来专业地评估所遇到的科学论断，特别是那些非自己专长领域的科学论断，而不只是非常粗略地看一眼。信任，包括对科学家的信任和对社会组织如大学、期刊和学科协会的信任，对于人们进行科学判断是绝对有必要的。信任不是错误或为了偷懒而走的捷径，也不是科学在被评估过程中的附带特点，而是理智的人（包括科学家在内）在日常生活中理解科学的合理路径。如果人们无法理智地决定哪些做出科学论断的人是值得信任的，而哪些不是，那么拒绝相信气候变化就更可以被理解了，因为人们无法决定要信任谁所以干脆选择不信。当然，这并不合理，且与集体性的科学共识相反，是错误的，但至少从这个角度能理解为什么有人否认气候变化。

随着经济和社会在很多方面都越来越依赖科学和技术，一定程度的公共科学素养已经成为个人和集体实现持续性成功的先决条件。这已经远远超越了目前的争议。对于个人来说，一定程度的公共科学素养不光包括了成功地获取职业机会、维系商业运营、管理职业生涯，还包括成功地做出明智的决定、认清哪些问题需要质疑、了解哪些声音代表了真诚可信的科学专长以及哪些声音具有相关性。科学传播中的"公共参与运动"一直坚持的理念就是不光只有科学家的专业知识值得尊重，各种形式的平民意见也值得听取（Wynne, 1989）。最理想的状态是科学真相代表了专家们积极的科学共识，而这种共识来源于扩展性评估和中立性测试，这是理解科学如何运作的核心要点，但这一点并没有得到广泛的理解。一个科学家拿着一个试管高喊着"找到了！我找到了！"这样的画面也许是普遍的人们对于科学的想象，但一群科学家一起注视着电脑屏幕上的图标及其中一堆杂乱无章的点或在一起争论如何理解这些点及这些点所代表的的数据却不是人们会想象到的科学画面。

在所谓的"常规科学"（normal science）中，日常的科研工作是一种高度累积化的事业，由具备科研伦理和科研特长的人员通过严谨的研究行为循序渐进地不断推动。当然，这是一个理想化的版本，在现实生活中也许没有这么理想化。但不管怎么说，这样的愿景是重要的。如果科学家们为了支持自己偏爱的理论、为了取悦经费来源机构或吸引媒体注意力而抛出一些错误的观点，人们会希望科学共同体能自我纠错，事实也常如此。[1]少数情况下，正如社会学家托马斯·库恩描述的那样，潜在的范式信念会被打破，重大的进展会导致科学的快速跃升（Kuhn，1970）。这种情况通常来说是例外而非常规。事实就是科学的日常进展并不会特别令人兴奋，新兴科学需要一段时间才能渗透进科学界，需要更久才能让社会了解。根据历史记录，气候变化最早在一百多年前，即1896年左右才被发现并将之与人类的二氧化碳排放联系起来（American Institute of Physics，2015）。

重大的突破性发现通常会在新闻中用于标记科学的发展，但这样的新闻有时会被指责，部分原因在于关于单个研究的新闻稿通常是由大学等科研机构、科学家本人或那些宣称自己是科学家的人发布的。关于科学虚假陈述的例子，常常会出现在人们脑海中的包括在本书前一章已经提到过的"冷核聚变"争议，也包括韩国科学家黄禹锡曾宣称克隆出了首个人类胚胎干细胞并将研究成果发表在了2004年和2005年的《科学》期刊上，这些成果被欢呼为"突破性成就"，但最终因被曝出论文数据造假而导致论文撤稿、声誉扫地（American Association for

---

[1] 社会能够自我纠错是功能主义的重要原则，也作为理论视角被罗伯特·默顿吸收到他的研究中。但社会体系的自我纠错能力看起来非常有限，且这个理论视角难以解释社会变革。很大程度上也是因为这个原因，所以今天不再有那么多社会学家把自己描述为功能主义者。

the Advancement of Science，2016）。又例如伊本·布朗宁（Iben Browning）在1990年发表的当年12月美国贯穿密西西比州、密苏里州和路易斯安那州的新马德里断层将会发生6.5~7.5级大地震的预言（Spence et al., 1993）。该预言导致大批记者蜂拥进入密西西比小镇等待地震的发生，但最终等到的只是一片混乱。这个预言能有那么大的影响力在于发布者布朗宁是美国广为人知的生物物理学家、气候学家和动物学家，但人们忘记了他并不是一个有公信力的地质学家（即使是有公信力的地质学家也不应该公开发布这样的地震预言）。再到近些年，宣称疫苗可能导致自闭症的科研论文被撤稿（Harris, 2010），但很多不安的父母仍执着于此论断，因为媒体的虚假平衡报道让该结论看起来颇具可信性（Clarke, 2008）。

也许新闻使用者们不应该因为怀疑科学论断和新闻报道而被指责——不论这些科学论断和新闻报道源自何方。机构合法性当然很重要，但却无法成为保证。庞斯和弗莱西曼在一所知名美国大学的新闻发布会上向全世界发布了他们关于冷核聚变的论断；黄禹锡关于干细胞和人类克隆的研究在知名的科学团体——美国科学促进会（American Association for the Advancement of Science，AAAS）会议上被隆重介绍；韦克菲尔德（Andrew Wakefield）关于自闭症和疫苗的文章发表在《柳叶刀》这样一本世界知名的医学期刊上。但对于气候变化来说，公众的怀疑和指责已经不是新鲜事了。为什么会存在对现代气候科学的持续性反抗，部分原因在本书前几章里已有所涉及，从反对管制的社会理念到基于恐惧的全面拒绝，再到四处播撒的怀疑的种子，这三种解释看起来都有道理。人们倾向于将科学看作一系列不可改变的事实，这些事实需要通过死记硬背来学习，也可以成为一种解释。仅仅因为关于气候变化的科学还在发展中，还在不断改进，且仍被打上不确定性标签，并不意味着它不科学。

气候传播中公众误解与困惑的成因

在许多围绕着科学论断的虚假陈述和公开争议的案例或类似事件中，不论正确与否，新闻媒体常常会因为内容错误和对公众认知，特别是对公众的错误认知的影响而被指责。确实，对记者来说，冲突、造假和激进的新发现都是非常吸引人的题目，这会造成一些问题。还有一些记者，特别是在小型新闻机构中基于极度有限的资源工作的记者，采用大学或科研机构发布的新闻通稿完成新闻而没有进行事实核查或提供足够的背景资料，也会造成问题。不可否认，不论是对科学家、记者还是受众来说，科学事实有时难以辨别。简单来说，记者也需要一定的批判性科学素养，包括常言所说的"理性的怀疑"。仅仅"据科学家报告"，并不足以证明出现在新闻中的新的科学论断就是正确的。当未受挑战的科学论断出现在新闻中时，似乎具备了某种程度上的合理性，但这种合理性并未得到科学证明。而一旦具备了科学合理性，基于气候变化的现实，记者们再假装气候变化尚未成为科学共识就是不负责任的了。

互联网时代让每个人都可以成为新闻工作者，为传播有关科学事实和真理的多元化主张和反对的声音创造了更多机会。这最终可能对民主制度极为有益，长远来看对公共教育也非常有利，但它也创造了一种环境，在这种环境中，人们要决定应该相信哪种真相，这项任务颇具挑战性。换句话说，互联网创造了一种让人们难以辨识方向的可能性。尽管大家都希望具有科学素养的公民不会轻易被误导，但有时这种希望在互联网时代可能会落空。

在当代的媒体环境中，所有人都可以通过传统媒体和社交媒体获得稳定的娱乐信息、促销信息、新闻和广告，但这些内容之间已经难分彼此。现代人似乎可以在各种信息间从容来回，并以自己的方式在网络世界中活动。科学无处不在，在推特、脸书和油管这些网站上都有科学的身影，它们构成了重要的科学传播的新机遇。但在此背景下，当所有问题，不论是琐碎的小问题还是深刻的大问题都能够通过简单的搜索得到回答时，科学素养又意味着什么？

只有一些细微的分别能将证明有误（或完全没有根据）的科学论断和欺诈性的虚假科学论断区分出来。从表面上看，犹他州的科学家似乎真的相信他们发现了一些全新的东西，即被他们称为"冷核聚变"的研究。考虑到之后的一些科学造假事件，包括韩国科学家黄禹锡从他的女性实验室助手那里得到了卵子捐赠并付费获得了试验用的其他卵子，而他声称捐助卵子的人都是自愿的，由此看来他关于人类干细胞克隆成功的报告是刻意捏造的而非某种实验室中的错误。伊本·布朗宁（Iben Browning）的动机不太明确，也许他只是寻求声名远播，也许他坚定地相信自己的地震预测，却因其有效性和可靠性而犯了错误。即使在事发多年后，要确定那些错误的科学论断背后到底是何问题并不容易。请注意，这种判断涉及每个错误的科学论断的可归罪性，而不仅仅是科学证据本身。"我们可以相信科学家吗？"实际上是一个完全合理且相关的问题，特别是对于那些在科学界内部没有可信任的且能实现个人联系的人来说。

人们常常期望科学记者能首先很好地厘清科学主张，尤其是在科学界也尚未厘清这些科学主张的情况下，而这是一个很高的要求。当然，可以想象记者会以一种负责任的方式行事。人们也许会期望记者至少可以查清研究者的学位，这是检验研究者是否拥有相关专业知识的一个必要的指标，也许这个指标并不足够说明问题，且是否拥有相关学位也不足以证实或证伪研究者在研究中所得出的新的研究结论。原则上，任何人都可以得出有效的新的科学发现。我们的科学体系假定讨论、辩论和重复研究都可以解决此类问题。对气候变化及其起因的研究已经持续整整了一个多世纪，一些相关的事实在未被证伪之前应该被接受并被认为是合理的。

气候变化是一个特别复杂的案例。对于某些人来说，气候变化可能会以令人生厌的方式破坏他们的世界观，就像反对进化论会让大多数生物学家感到苦恼一样。在如今这个前所未有的信息流动时代，大量的资金正用于鼓励"怀疑"或"否认"气候变化的声音。在政治报道中，大部分事件通常都存在"左"和"右"的立场，而当从政治报道中借鉴来的"平衡"准则被应用于气候变化报道或其他的科学争议报道时，不论是真实的科学争议还是被感知到的科学争议，这种"平衡"都为出于意识形态动机的"气候变化否认者"和其他认为推迟解决气候变化问题符合自身利益的人提供了便利。今天，通过互联网，人们有更多机会可以发布反对的想法。某些反对声看起来似乎具有相关的科学依据，那就需要对这些反对声进行调查，而不仅仅是看过了事。当然，大多数记者都具有专业素养，但当他们在目前这种压力越来越大的环境中工作时，甚至无法挤出时间来对那些反对声进行基本的核查。一些反对气候变化的人可能还是公众关注的对象，尽管他们既不是科学家，也不代表科学。受众从传统媒体中获得了很多信息，这固然是一件好事，但也需要号召受众以新的方式对新闻进行批判性判断。

并非所有对科学相关问题的态度都完全基于对科学事实的理解。例如，对干细胞研究的异议（无论这种异议是否被接受），并不完全基于对科学的误解，也不太可能靠提供更多的科学事实而得以解决。对于一些反对疫苗的声音来说可能也是如此。虽然在对疫苗接种的反对中，包括在对其他许多科学问题如气候变化的反对中，非科学的论点似乎与对科学的误解缠绕在一起，有时是被对科学的误解所激发的。但不要掩盖异议，身处民主中的人们应该考虑尽可能多的观点，甚至是错误的观点。他们应该知道拒绝疫苗接种这样的新闻，就像他们应该知道社会中的其他冲突一样。相较于让人们了解反对的声音并自行作出决定，忽略不同的意见对我们的社会来说似乎更为危险。要合理地解释科学内的异议或关于科学的异议就需要人们具备批判性的科学素养。

当媒体报道科学的争议性及其应用时，我们希望媒体能收录那些对此不那么热衷的人士的评论，即使这些评论并非来自有资质的科学家。对于任何科学问题，宗教、政治、道德、拥护者和/或环保主义者的声音也可能是相关的。在新闻报道中应该包含这些声音和其他"外行"的声音，并报道可能存在的争议（Secko et al., 2013）。当公民抗议正在自家"后院"建造的新的核电站时，我们希望记者即使不支持也能及时关注。这些辩论通常不是为了论证何为好的科学，而是为了制定明智并包容的公共政策，因为公民应该有选择的余地。即使在报道像气候变化这样已被证实的科学真相时，如果记者完全忽略异议的存在，也应被批评。这才是合理的新闻价值。然而，目前的媒体环境使冰川融化等科学现象变得更广为人知，我们不得不提出的问题是，为什么这么多普通人仍觉得很难厘清气候变化这一真相？以及哪一种方式才是负责任地讨论科学异议及科学不确定性会无可避免地持续存在的方式？

来自科学界外部的相反观点不应被常规地表述为科学，但在科学界内部确实存在争议，或者说争议并不仅仅存在于科学与社会之间。谁来决定什么"算作""正确的"科学，尤其是在一开始？即使某些反对的主张也有可能成为事实，而今天存在的反对主张原则上也可以与"地球是圆的"这样的历史认识一样是正确，这是科学思考的基本原则。开明的思想和基于实证对科学进行修正的想法是相当合理的，是科学传统的一部分，通常也是科学教育的必要组成部分。即便如此，我们希望在任何时候都能在"知情"的前提下做决定，即了解并考虑现有的最好的专家的意见，即使可以确定的或永恒的真相很少。我们不应该忽视诸如造成气候变化的人为原因之类的潜在现实，正如我们不能忽视吸烟与肺癌之间或疫苗接种与疾病易感性之间关系的潜在现实一样。

批判性科学素养不仅限于信任正确的信源。事实上，要理解"科学的工作原理"就意味着要超越期刊文章、教科书和日常教学内容对科学验证过程的理想化，这一科学验证过程需要在实验室或其他研究环境中完成。在拉图尔和伍尔加有名的对"实验室生活"的研究（Latour & Woolgar, 1896）中提到现实很少能与理想相提并论。正如实际进行科学研究或近距离观察过科学研究的人所知的那样，科学研究的过程可能是混乱。科研数据不像期望的那么好，实验设备和程序不够完善，恶劣的天气干扰了野外工作，研究人员会犯一些难以纠正的错误。最后，还是要由这些不完美的人来决定调查结果的实际含义。可以说，只有通过与科学家并肩进行科学实践，非科学家们才能开始理解这种混乱的状态，并理解科学的价值。对于非科学家们自愿参与数据收集和分析的"公民科学"项目来说，这是一个有力的论据。对于某些人来说，这也可能是高中和本科实验课后的想法，但高中和本科实验课实际上是人为的弱化了的实际科学生产过程的替代品。这绝不是说科学实践是"草率的"，只是科学实践未必会遵循教科书中理想化了的科学过程，期刊文章的写作通常只是从科学结果中提取出其精髓所在，而将一些不完美的推论抛于脑后，这一点即使在科学界内部也是承认的。这些缺陷应该通过后续工作"淘汰"。这不是一个完美的体系，但这毫无疑问这是目前人们拥有的最好的体系，只不过这个淘汰和补缺的过程通常不会太快完成。

重定义科学素养

对现有的理解科学素养的方法存在许多实践上和理论上的批评。几乎所有这些批评都可能使对科学素养的讨论陷入有关科学哲学和人类认知本质的辩论中来。什么才能被"算作"知识或真理？哪些事实是重要的？谁来决定哪些事实是重要的？我们对现实的看法的哪些方面与该现实的"硬事实"（hard facts）有关，而不是被教导或默认了的？在下文中，我们不会进行那么雄心勃勃的讨论，但会涉及一个更实际的问题：在当代民主中，许多个人和政策的决定都与科学或技术及与科技相关的现实有一定关系，且有关科学（以及伪科学）的观察和结论是人们通过电脑就可以方便获取到的，那么关于科学的哪些知识对身处当代民主中的公民来说具有最核心的价值？公民该如何评估被告知的有关气候变化的信息？人们需要知道什么信息，以便在任何时候都能确定哪些真相值得信赖？这显然不同于对特定的科学事实的了解。对特定的科学事实的了解就像人们中学时学习科学一样，只需要知道由来已久的科学事实且大部分这样的科学事实可能已经过时了。

美国国家科学基金会和其他类似机构已对科学素养（或传统意义上的"事实素养"）进行了数十年的测量。多年来，人们一直采用基于事实知识的对错测试来测量科学素养，尽管这一方法的局限性已经越来越广为人知。一种狭义但有价值的批评是，对错测试中的一些问题可能会把信仰和知识混淆起来，例如标准化的有关进化的问题（Rughinis，2011）。如果这种对错测试的目的是确定科学教育是否有效，那么反映宗教信仰的问题可能不是方法论上最佳的选择。对于调查研究而言，此类问题的措辞可能具有误导性。[1]

最显而易见的批评可以说是最为激进的：列举的科学事实

---

[1] 分析此类有关事实知识数据的另一个问题是，就像民意测验的问题一样，上下文（包括科学和科学教育中的重点及所使用的措辞）会随着时间而变化，从而导致出现一些假设性的对变化趋势的反映，但这些变化并不真正反映人们对科学的理解，其反映的是不同时间点上使用的上下文导致的变化（Bishop，2004）。

体现不出希望公民解决气候变化或其他上述科学问题的困境。换句话说，公民需要能够在事实尚不明确时为他们服务的技能。但是，对事实的掌握似乎相对容易衡量且易于管理，因此人们一直沿用基于事实知识的对错测试来测量科学素养。值得注意的是，如果没有这些对错测试，我们将无法追踪有关科学素养的重要进展。据2014年美国国家科学基金会关于公众态度和理解科学的指标的报告，不到一半的美国人认为他们了解"科学家和工程师在工作中所做的事"（National Science Foundation，2014）。在2014年的传统科学素养测验中，公众的平均得分为5.8，满分为9；与之前的统计数据相似，但与过去几年相比，认为占星术"完全不科学"的美国人变少了，过去几年里也只有不到一半美国人拒绝把占星术看作科学。这些指标的变化似乎值得人们去思考。

抛开测量问题，许多关注传统意义上的科学素养的人可能（无论是显性地还是隐性地）认为，更高水平的知识将转化为对科学的普遍支持或是对特定的科技计划或创新的更积极的态度，这里所谓的更高水平的知识应该被理解为对公认的科学事实问题的正确回答，类似于通常用来衡量大学生进步与否并评定他们成绩的标准。正如有些学者所说（Sturgis & Allum，2004），知识确实很重要。但知识不是唯一重要的事，当科学与社会发生冲突时，知识也不是解决问题的关键所在。

如今，许多关注改善科学传播状况的人都认为，科学传播的目标应该是进一步使公众参与科学，而不只是试图通过讲座或纪录片这样单向且直接的信息传播方式来提高成年人的科学事实知识水平。通过科学咖啡馆、社区会议、公共咨询、互动博物馆活动和其他类似的论坛来促进公众参与科学及由此衍生的针对科学问题的公共讨论，此类活动已成为许多程序性实验的主题，在先前的章节中已经讨论了其中的一些活动。发展轨迹略有不同的公民科学运动也能促进公众参与科学的实际行动，通常是通过实地考察。例如，曾有公民网络帮助康奈尔大学的鸟类学家进行年度鸟类计数（Bhattacharjee，2005）。美国国家海洋与大气管理局（www.noaa.gov）为各种有关海洋环境的公民科学项目提供资助，并通过其合作观察员计划和公民天气观测项目来赞助公众对当地天气和气候的观测。与其他形式的教育相比，这种经历在提高批判性科学素养方面可能效果更好，且完全是在课堂之外进行的。公民科学这一路径的拥护者是否也以这种方式看待他们工作的目的尚不得而知，但"参与"的趋势很有价值，毕竟其他方法很少能提供类似的公民对科学研究的直接参与。

那些将"参与"视为必然能导致专家观点与大众观点相互融合的人很可能会感到失望，但即使如此，参与仍是朝着好的方向在迈进。参与无法涵盖所有人，但也许那些参与者可以成为其他人在科学问题上的意见领袖。在以科学技术为导向的社会中，非科学家公民应该更多地了解科学，并探索如何更好地利用科学。但有时更多的公民参与会导致更好的集体决策这样的隐含期望，虽然是基于一个相当合理的假设，即普通公民有智慧能够得出良好的结论，但这样的期望可能实现，也可能无法实现，特别是在短期内。人们所希望的更多"参与"将导致更明智的政策决策的结果仍然不易实现，因为通常参与科学的人往往是已被科学吸引的群体，换句话说参与项目无法轻易吸引到对科学不感兴趣的人。此外，目前也没有明确的方法能将公民讨论的结果反馈回实际的决策中，当然这一点并不奇怪，因为从一开始科学界对政策制定的投入就非常薄弱。后者是一个政治问题，更多的是治理问题而不是科学素养问题。"与公众互动"有时被视为科学获得公众支持的战略，同时也是改善与科学相关的民主的尝试。这两个目标（鼓励参与和获取支持）不尽相同，甚至可能无法兼容（Priest, 2013）。且由于时间和兴趣所限，最终大多数人仍然需要通过其他形式的公共传播，主要是媒介，才能在有关科学的问题上得出结论。参与可能是目前最有希望的能提高人们对科学实际上是如何工作的普遍认识的方法，但似乎仍然不可能直接影响到最广大的受众。人们还需要一种新的更"批判的"科学新闻，将更多地将科学作为一种社会现象来进行关注。这并不意味着科学是错误的或某种程度上需要改革，而仅仅表明它与人类息息相关。科学的优势在于维持其社会过程的力量：共识、讨论、传播、评估、评议、重复、评论，甚至异议。这些在人们日常看到的有关科学的报道中往往会被忽略。

非科学家们通常想要知道和需要知道的是，哪些事实、观察结果和科学结论对于支持个人和集体的决策最为有效且最可靠、最具相关性，实际上精通科学的受众在实践中确定这些事实的方式与对科学如何作为被一系列规范和程序性假设所支配的社会机构和社会实践运行的理解密切相关。对于成熟的或"已完成的"科学，社会不太可能做出与之相关的新的政策决定。社会更关注的是新兴科学和技术及政府和医疗体系做出的与之相关的反应。在此情况下，什么应该被算作有效、可靠并相关的真相是一个特别棘手的问题，且这个问题很难得到"实时"回答。可气候变化正在不断发展，我们必须尽一切努力赶上它，所以根本不可能等到每个反对者都转换立场。尽管完整的社会共识尚未形成，但有效的民主制度应允许人们对气候变化采取行动。

为了真正理解科学的社会属性，人们需要了解一些科学社会学以及一些有关科学哲学的知识。这对于要在充满科学争议的世界中前行的人来说至关重要。尽管这看起来似乎是一个庞大的期望，但其中的大部分知识对于那些了解科学是如何运作的人来说在很大程度上被视为是理所应当的，这些人最初了解科学运作的原因可能是于职业选择、教育经历或自己与科学家是朋友或家人的关系。这些具备了一定的批判性科学素养的人需要记住，其他人可能不具备这种对科学的熟悉，毕竟不论是媒体上的还是社会中的科学讨论都还达不到专家级的对科学过程或科学组织方式的了解。换句话说，就像很多事我们一旦掌握、理解并能清楚表达时，这些事对我们来说似乎就是显而易见的了，而批判性科学素养的组成部分并不一定对每个人都是显而易见的。许多社会知识都是隐性的而非经过正式学习的。如果询问科学家（或科学记者、科学研究者）是如何识别科学真理的，他们可能依赖的是自身对科学的社会维度（即科学是如何工作的）的了解，也可能依赖的是对信任的科学（和科学家）信息的捷径，但他们不一定会给出这些答案，因为他们自己甚至都可能还未完全意识到这一点。对大多数人而言，科学是一种陌生的文化，普通人并没有太多机会能对科学有所了解。要了解一种陌生文化通常需要人们与这种文化多多接触。虽然在此意义上对科学的熟悉可能并非公众参与科学活动的既定目标，但会是其主要贡献之一。

科学素养的未来

目前，对科学素养的本质和公众参与角色的观察只能帮助我们理解为什么气候传播会成为一项挑战，并据此提出一些新的关于科学及其社会特征人们需要了解什么才能做出明智的选择的维度，及作为科学传播者和传播学学者需要在哪些维度上多加注意。这些想法仍需要进一步发展，但从长期来看可能会最终帮助我们成为更好的科学传播者。气候变化的速度加快，国家和国际上对此的政治回应和政府作为仍步履缓慢，遗憾的是目前尚不清楚新的科学传播方法或科学素养是否能够足够快地解决这些问题。在气候传播中，除了公众对科学的了解有限之外，还有其他障碍需要克服，需要可行的行动策略支持。

美国的气候变化政策似乎是一个特例，因为目前似乎是美国社会和美国政治中的一个特殊时期，充满了激烈有时甚至是苦涩的政治两极分化，曾经使国会在气候变化问题上达成共识的政治生态似乎已成为过去。气候问题最终将走向何方尚待观察。此外，在政治上让发达国家和发展中国家就谁必须解决问题达成共识似乎是另一个更大的挑战。虽然该问题在2015年巴黎气候谈判中取得了重大进展，但到底能进展到何处还取决于各个国家对协议的遵守。换句话说，公众对科学的理解并不是阻碍人们在气候变化问题上有所改变的唯一因素。

随着时间流逝，人们接受气候变化的比例有所上升，相信这个趋势能够继续且在世界范围内都将如此。在人类高度多样化、多元化的社会中，存在着各种意见分歧，但尽管有这些多样性，人们最终还是在许多重要问题上达成了共识。在气候问题上的共识可能不会很快到来，特别是在政治动荡不安甚至混乱的时期。在前行的道路上，我们选择将重点更多地放在已经接受了气候变化的绝大多数人身上，而不是少数"否认"群体身上。大多数认识并了解气候问题的人才是最有可能做出真正改变的人。

传播学学者、科学传播的实践者以及对提高科学素养和气候意识感兴趣的人应该注意科学的实际运作方式，并将其传达给受众。但这绝不是短期内能解决的问题。此外，即使是那些对科学如何运作了解更深入的人也可能受制于政治气氛和媒介议程。鉴于专门进行气候传播的非政府组织基础薄弱（但正在兴起），强大到足以影响有关气候问题议程的声音仍有所欠缺。媒体通常将大部分注意力都放在公众人物和重大事件上，而不是科学发展或长期的政策问题上。即使在精英媒体中，具有新闻价值的报道通常也会关注冲突。不断升级的气候灾难最终将符合这种模式，但等到那时候再采取行动就晚了。下一章将分析媒体的关注周期，并就此对气候传播提出建议。

第七章
气候运动的成功要素

　　前几章谈到了具有说服力的气候信息的结构和有效性，谈到了影响人们在复杂的舆论环境中接受这些气候信息的各种因素，也谈到了信息使用者是如何在变化了的新闻环境中寻找和处理气候信息的及为何对科学的社会性知之甚少会限制公民和记者评估科学主张的能力。在本章中，我们要解决气候传播中另一个与媒介相关的问题，即造成新闻关注周期的因素，以及要克服这样的新闻关注周期所需的社会运动。

　　即便是无意为之，科学新闻报道中的"虚假平衡"还是会赋予那些无法反映当前科学共识的"科学"主张以不正当的合法性。但这种虚假平衡并不是媒体在报道气候问题时的唯一问题。社会背景下的科学对公众的生活来说意味着什么以及科学本身的社会性往往很少出现在媒体报道中。科学要持续地引起媒体的关注更是难上加难。学者们最为熟悉且被大量研究证明的媒介效果之一就是媒介的议程设置功能，所谓议程设置最早

---

[1]　本章的大部分内容（包括更新与扩展）基于Neil Stenhouse和Susanna Priest于2013年在瑞典乌普萨拉举行的"传播与环境会议"（The Conference on Communication and the Environment, COCE）上宣读的论文而来。

是由麦库姆斯和肖在1972年发表的文章中提出的。对于大多数人没有直接经验的问题，如果媒体不予报道，那么大众对该问题的注意力就会减少，好像这个问题不存在或不那么重要一样。如果媒体报道了该问题，不论是以何种方式报道的、细节如何，人们都倾向于认为该问题是重要的，这个问题在公众的个人议程中也会变得重要。

议程设置本身并不是问题。它只是描述了新闻记者和编辑作为新闻守门人采取的行动（选择了特定的问题和事件加以报道）所产生的强有力的效果。但这种可观察到的模式带来的负面后果就是，如果该问题或事件没有任何新的发展可被认为具有一定的新闻价值，那么媒体对该问题的关注度就可能会下降，相应的该问题也会慢慢淡出的个人议程。学者很少研究此类注意力缺失问题，因此没有什么已发表的文章能用来说明这个问题。但基于合理假设，新闻报道的减少将会导致公共领域和政治领域对某些问题关注度的降低。这种现象并不仅来源于新闻工作者对哪些问题是重要的判断（或错误判断）或新闻工作者试图贩卖新闻的做法，更因为一个事实——即大部分新闻，特别是科学新闻，都是机构的公关稿和其他"信息津贴"的产物。

一旦持续的注意力消失，新闻往往容易忽略当前的问题，而转向下一个问题。安东尼·唐斯（Anthony Downs）在1972年发表了一篇颇具影响力的文章，在文中提出社会问题往往会经历"议题关注周期"的五个阶段。在第一阶段或"前问题"阶段，问题通常会由社会条件定义，但这些问题只会被少数专家注意和考虑到。到第二阶段，问题会以爆炸性的方式被公众（通过新闻媒体）发现，人们会呼吁"要做些事情"。在第三阶段，随着人们试图开始寻找实际的解决方案并考虑可能的法律途径，人们会发现解决这个问题也许不像之前想象的那么容易，问题一时难以解决，人们对该问题的注意也会开始下降。到第四阶段，由于人们越来越认识到解决该问题的难度和真实成本，甚至不愿意承认该问题还继续存在，公众和媒体对该问题的关注会进一步减弱。在第五阶段或"后问题"阶段，问题会进入到唐斯所说的"长期困境"（Downs，1972），在此困境中，公众对问题的关注度不高，但由于该问题已走完了整个"议题关注周期"继而成为公众的集体记忆。当出现某些新情况时，人们对该问题的关注可能会比面对全新的问题时要更迅速地被再度唤起。唐斯还提到，会经历该"议题关注周期"的问题通常都有三大特征（Downs，1972）。第一，受此问题影响的人数从绝对意义上讲必须相当大，虽然也许在总人口中所占的比例很小。这会使该问题看起来足够大，大到值得全国关注，但又足够小，以至于大多数人不会因为对该问题的亲身经历而将注意力集中在这个问题上。第二个特征是引发该问题的社会状况，在某些方面给大多数人或至少给部分权力阶层带来了重大利益。这将极大地抑制社会对该问题的实际解决，因为部分人并不接受解决方案。第三个特点是该问题本质上并不令人兴奋，这就意味着相关报道无法吸引广大受众（或至少在新闻编辑看来不具备吸引力）。该问题会因为公众停止阅读相关报道而迅速退出

公共议程，或是因为新闻工作者以为公众对该问题不再感兴趣
而转向其他主题的报道（换句话说，新闻工作者可能不再将该
问题视为适合报道的内容）。接下来，本书将探讨这对气候传播
意味着什么。

正在引发关注的气候问题

在某种程度上，气候变化符合唐斯的三项标准。地球上的
每个人最终都会受气候变化的影响，但短期内，至少在未来几
年里，气候变化将直接并显著影响到的仍只是小部分人，如生
活在低海拔地区或被快速侵蚀的悬崖地区的人以及那些农作物
生长周期被影响的农民（AAAS Climate Science Panel，2014）。
其他人可能会遇到诸如局部干旱、强风暴或森林火灾等更常见
的威胁，但这些事件与总体气候趋势之间的联系似乎并不那么
确定。与此同时，地球上的大部分人都从导致气候变化的原因
（如化石燃料的燃烧）中受益匪浅（Anderegg et al.，2010）。与
气候变化相关的法规可能威胁到社会中非常强大的组织——化
石燃料行业的利益，至少人们认为化石燃料行业会受此影响。
且气候问题本身并不是一个多么令人兴奋的问题，当然，市面
上有许多与气候变化有关的世界末日灾难影片，但不难想象这
些片子被某些人斥为虚假、夸大和耸人听闻。

我们能够想象到的气候变化最戏剧性且最可能引起人们注意的影响要么被视为不确定会发生，要么其与气候变化的因果关系（例如在极端天气的情况下）很难以某种令人信服的方式展现出来（Wynn，2012；Leiserowitz et al.，2012）。人们想象这些影响时，往往不会觉得身边的家人、朋友或自己可能被影响，反而会想象气候变化对千里之外的陌生人的影响。由于人们普遍觉得气候变化的最坏后果可能要很多年后才会显现，所以会错误地觉得自己可以等到很多年后再采取行动。这种误解很普遍，导致人们会优先解决其他问题——那些看起来迫切需要解决的问题。

有学者曾描述过气候变化是如何经历"议题关注周期"的初始阶段的（McComas & Shanahan，1999）。近年来，气候变化又至少经历了"议题关注周期"中的多个阶段。经历过"前问题"阶段，即除了专家外大部分人对气候问题不怎么关注的时期后，近年来电影《难以忽视的真相》的发布、国际气候变化专门委员会（IPCC）第四次气候变化评估报告的发布及诺贝尔奖被授予《难以忽视的真相》制作人阿尔·戈尔（Al Gore）和长期关注气候变化问题的国际气候变化专门委员会（IPCC），以及由此而来的大量关于气候变化的宣传，使气候变化问题进入了"议题关注周期"的第二阶段或"发现"阶段（Mooney，2011）。而2009年哥本哈根气候会议的召开及之后的破裂以及2010年美国参议院未能通过气候法案则标志着气候变化问题进入"议题关注周期"的第三阶段或"发现治理成本"阶段

（Mooney，2011）。随之而来的是媒体关注度的下降和对问题严重性认识的降低，也即"议题关注周期"的第四阶段（Brulle et al.，2012）。最近的证据表明公众对气候变化注意力的下降可能已经停止，这符合"议题关注周期"的"后问题"阶段的特征（Borick & Rabe，2012）。

2015年，随着IPCC新报告《关于气候变化问题的第五次评估报告》的发布以及在巴黎气候大会或缔约方大会上取得的令人鼓舞的进展[1]，各国政府承诺将致力于自主地应对气候变化，看起来人类社会在气候变化问题上正在进入一个新的循环阶段。但气候变化问题似乎仍然受到媒介动态的影响，即所谓"新闻洞"[2]以及事实上新闻报道和公众关注力的有限性的影响。当报纸和少数广播网络作为大多数人口的支柱性新闻媒体存在时，"新闻洞"尤为明显。它指的是在为广告和其他常规性媒体内容（如美食、专栏、每日天气等其他软新闻）留下足够空间后，只有有限的媒体空间能留给实际需要及时报道的受事件驱动的"硬新闻"。在印刷媒体中，考虑到头版和主要页面的可用空间非常有限，这种情况十分明显。在广电媒体中，媒介空间或者更确切地说是媒介时间可能更为有限。随着全时电视新闻

---

[1]　该会议通常被称为气候变化巴黎会议，汇集了批准《联合国气候变化框架公约》（UNFCCC）的195个国家，这些国家被称为《公约》的"缔约方"，其会议被称为缔约方大会。《联合国气候变化框架公约》最早在1992年的里约地球峰会上获得通过，先前《京都议定书》所作承诺已于2012年到期（详细信息请参见http://unfccc.int/essential_background/convention/items/6036.php）。

[2]　新闻洞（news hole）是指各种大众媒体共同汇聚而成的一个封闭系统，这个封闭系统选择性地反映了整体社会面貌及其变动。

网络（如Fox，CNN和MSNBC）的出现而出现的"24/7"（每周七天、每天24小时）的新闻周期看起来似乎能打破这种限制，但实际上在这些电视台的日常播出中有大量重复循环的内容。主流媒体，不论是纸质媒体、广电媒体还是网络媒体，往往每次都只关注某些新闻。例如，在2016年，美国媒体的核心报道是总统大选，这场大选将几乎所有其他议题，包括气候议题统统推开。[1]当像总统大选这样的报道消散之后，其他议题将会再争夺注意力。

在选择哪些是当下最重要的议题时，新闻媒体之间往往会相互模仿，这种现象有时被称为"媒介间议程设置"（inter-media agenda setting）（Sweetser et al., 2008）。这往往会减少受众能了解到的议题的范围，尤其是那些不那么积极地像在互联网上寻找信息那样根据自己的兴趣和优先级寻找特定信息的人。此外，受众的注意力本身就是一种极为有限的商品。在作者写作本书时，欧洲媒体的注意力大部分集中在叙利亚难民危机和在巴黎气候大会之前发生的重大恐怖袭击上，而美国媒体的注意力则集中在潜在的总统候选人之间的竞争上，相关的新闻吸引了那些在政治上参与度较高的人以及对政治不那么感兴趣的人的注意力。气候变化？人们可以稍后再处理这一问题，不是吗？以及人们真的必须要马上采取措施应对气候变化吗？

不过，对议题的关注周期可以被打破，或至少可以被重

---

[1] 2016年3月25日，作者通过谷歌进行搜索发现"2016年气候抗议活动"词条有830万搜索量，而"特朗普抗议活动2016"有9580万点击量。

启。令人吃惊的气候科学新发现，特别是詹姆斯·汉森（James Hansen）及其同事最新的研究发现——海平面上升速度大大快于预期（Hansen，2016），仍受到了媒体的广泛关注，尤其是经过主流媒体和博客的积极宣传后。汉森还在发布的预言全球主要沿海城市都会面临损失的声明中聪明地附上了一段视频，这更有利于传播。抗议活动也容易引起媒体注意。2016年3月23日，数百名抗议者游行到了新奥尔良的超级穹顶中，这一建筑作为2005年卡特里娜飓风发生时流民的临时避难所存在严重不足。美国有线电视新闻网（CNN）等媒体报道了这一抗议活动。人们进行抗议的目的是试图停止将墨西哥的4500万英亩土地湾租赁后用于"化石燃料开发"，但CNN报道中的抗议活动被约翰·萨特（John Sutter）的专栏文章描述为"狂野且过分"的现场，萨特还说这场抗议"使他迷惑"[1]，而石油和天然气公司的代表，即曾参与竞标租赁权的人在专栏文章中被描述为"看起来非常诧异"。正如媒体可以赋予议题合理性一样，媒体也可以使异议看起来极不合理（Gitlin，1980）。

这说明了一个问题，即能够打破议题关注周期的戏码也可以用来让气候变化研究和气候科学家显得不合情理，这是典型的双刃剑。事实上，当汉森的研究结果发表在一个开源且开放评议（这意味着任何人都能看到评议人的评论）的期刊上之后，有人对其评论进行了计算，发现一共有60条评论，对于一篇开

---

[1] 公平地说，萨特还向抗议者们表达了感谢，是他们让萨特注意到美国出租土地，并让这种拍卖行为被更多人看到。

放评议的论文来说有这么多评论的情况并不多见，而这60条评论中的三分之一显然是来自那些否认气候变化的人。在气候之家（Climate Home）网站上发表的关于汉森研究的文章，其标题是"世界末日"，而副标题则宣称"许多重量级的批评"指责汉森"非专业的行为"会人为制造恐慌（Darby，2016）。实际上，文章中只引用了一位批评家认为汉森的研究不专业的话，尽管文中还有其他一些相对温和的对汉森的批评，但这个副标题显然颇具误导性。其实网站上这篇文章还讨论了汉森的研究潜在的科学贡献，但这些贡献直到文章过半才被提及。对于那些不熟悉新闻业务的人，特别值得指出的是，新闻标题通常是由编辑而非记者拟定的，可以合理地假设这种传统已经从传统媒体的日常实践中被推广到网站日常管理中。无论谁需要对该标题负责也不管气候之家网站是想要颠覆汉森的工作，还是仅仅为了获得读者的青睐，其可能产生的效果都非常明显。

考虑到即使是像汉森所做的那么引人注目的关于气候变化新的研究发现也无法被用来打破新闻的议题关注周期，因此需要更持久的力量来推动气候变化行动的潮流。广泛的社会运动可能是符合这种描述的一种现象。很少有传播学学者探索气候运动的概念（与更普遍的环境运动相比），尽管近年来已经开始有学者进行这方面的探索（Endres et al.，2009；Han & Stenhouse，2015；Hestres，2015；Nisbet，2014；Pearson & Schuldt，2014）。更少有学者考虑到成功的气候运动可能对社会产生的持续的影响。这些集体行为是现代民主生活重要的组成部分，甚至可能成为制度化的一个部分。作为传播学学者或对成功的气候传播策略感兴趣的人，我们应该对此有更多了解，而传播学学者更需要关注传播在气候运动兴衰中所扮演的角色。

有关气候运动的学术研究

自从2009年哥本哈根气候大会上的谈判未能达成具有约束力的全球协议以及2010年美国参议院未能通过气候法案后，许多人都想知道，推行强有力的气候政策到底出了什么问题以及下一步该怎么做（Walsh，2011）。对于为什么这个问题没有继续受到高度关注有多种不同的解释。其中一种得到很多人认可的解释是，尽管缓解气候变化在大多数民意测验中获得了多数人的支持，但人们针对气候变化采取行动的意愿仍不够组织化、不够深入和认真（Roberts，2011；Palmer，2012；Scocpol，2013）。支持这种观点的人认为需要为了应对气候变化开展更强有力的社会运动，类似于民权运动或选举权运动，或类似于20世纪70年代早期的环境运动（Amenta et al.，2010）。

但是，在传播学研究中很少有专门针对气候运动而不是一般的环境运动的研究（一个明显的特例请参见Endres et al.，2009）。导致人们缺乏对全球变暖的关注和全球变暖在国家行动优先级上的靠后的原因很多，包括较低的公众动员度及社会对有关气候变化的广泛的草根社会运动的关注度较低（Romm，2011；Roberts，2011；Brullle，2010）。会出现这种问题的部分原因似乎在于气候变化与大多数现有的组织团体，如美国的主要政党或现有的环保团体的议程并不完全相符（参见本书第五章）。大部分环保组织通常侧重于更具体的目标，例如保护野生动植物和荒野、阻止有毒污染的特定来源或停止短期内高环境风险的行为（如核电或水力发电）。这些工作当然重要。但颇具讽刺意味的是，核电等这些替代化石燃料的高风险发电方式对许多环保主义者来说是眼中钉，但其他人却将这些发电方式视为应对气候变化的方式之一。奥巴马在2013年的国情咨文中提出要加速开发利用天然气等"更清洁"的化石燃料，但这并不受某些环保主义者的欢迎。气候变化运动与美国现有的其他环境运动的利益并不总能保持一致，因此气候问题可能需要有自身的社会运动和组织架构。

组织良好且影响广泛的气候运动可以帮助公众和媒体保持对气候变化问题的关注，从而增加该问题留存在政治议程上并得到强有力的气候政策支持的可能性。社会运动最重要的后果之一可能就是其对政治议程和媒体议程的影响。历史上大量的社会运动，或通过直接提高人际意识、通过利用集会和其他传统抗议活动来引起媒体关注、通过发表挑衅性言论和给媒体编辑的信，或通过集体行动对立法者施压从而公开解决该问题等方式来引起社会的关注。实践证明，气候运动能够引起媒体的关注，如在美国发生的抗议建造得克萨斯至艾伯塔省输油管道的扩建工程，即Keystone XL事件，随后该工程被总统中止。杰出的气候科学家参与这些气候运动能够增强其组织上的合法性，也为记者提供了更多的报道内容。

围绕气候问题展开的社会运动也可能可以帮助克服唐斯所说的使议题不再受关注的两个特征：意识到自己会受该问题影响的人数和人们对该问题的兴趣。足够活跃的少数群体也可以通过有效的组织和对媒体的精通[1]让社会保持对特定议题的关注，即使这么做未必能影响到大多数人的行为。此外，通过寻找并突出气候变化议题中最有意思的方面，以及通过戏剧性的新闻事件让媒体不得不做出回应等，气候运动可以组织起"新闻兴趣点"以方便忙碌的记者来报道气候运动，并增加媒体和潜在的政策制定者对气候问题的关注。组织气候运动的机构向媒体提供新闻和信息从而实现媒体对气候运动的报道，这种"信息津贴"对媒体、对公司和其他机构都可以发挥作用。

应对气候变化的社会运动有希望能保持住媒体和政治力量对气候变化的关注，这是保持社会对气候变化这一"缓慢发展的灾难"关注的关键所在。但如果想要实现气候运动的成功，可能需要付出数十年的努力（Smil, 2010），这并非易事。因此，

---

[1] 举三个例子来说明：支持对枪支销售进行更多管理的美国人（55%）是支持较少管理（11%）的五倍（Swift 2015），但反对枪支监管的力量似乎组织得更好，声势也更大。只有19%的美国人反对在任何情况下的堕胎（Saad 2015），但美国的医疗体系一直被攻击，认为它在支持其余81%的美国人。美国当代的茶党运动也表明，具有高度凝聚力的少数派可以战胜人数更多但只有中等程度活跃的群体（Oliver & Marwell, 1988; Skocpol & Williamson, 2011）。

成功的气候运动需要考虑以往的社会运动能成功的关键因素。接下来，本书将阐释来自社会运动研究文献中的四个重要概念，这些概念揭示了从长远来看气候运动要成功需要在哪些方面加以努力。这四个概念包括社会运动获得资源的途径（资源动员）、意识形态建构（集体认同）、社会运动所处的政治环境（政治机会结构）以及基于前三个因素社会运动所选择的融入社会的策略（策略和策略能力）。[1]本书也将着重强调传播和传播学研究对气候运动的潜在贡献。

第一，资源动员。资源动员相关研究的主要见解是，尽管社会运动如果要成功需要一定的资源，但这些资源有不同的形式，如人力、金钱、经验、社会地位、社会联系等。成功的社会运动需要动员、组织和部署至少其中一种资源才能获得成功。但动员并不需要拥有大量上述的所有资源。社会运动可以通过许多方式取得成功，如拥有大量具有一定投入度的成员、具有规模虽小但参与度高组织性强的社会基础，或与社区领袖或政治精英建立良好的联系等。社会运动不一定要多么巨无霸才能取得成功（McCarthy & Zald，1977；Edwards & McCarthy，2004）。

鉴于环境保护已成为既定的、得到社会认可的、合理化的主流目标，一些基础良好的环保组织能获得可观的捐助，且与立法者和其他社会精英关系良好，但它们与自身的许多组

---

[1] 关于社会运动的社会学和政治学文献众多，对理解社会如何运作具有重要的理论意义。此处，作者只尝试提到了一些可能与气候运动有关的关键主题。

织成员之间持续的直接联系可能并不多。在气候立法的背景下，这意味着当精英级谈判失败时，这些制度化的环保组织可能难以通过集结成员来施加政治压力。当环保组织定期与组织成员保持联系时，成员会乐于接受这种关系，但可能并不愿意参与到强有力的政治行动中来。有学者研究并预测了这种模式（McCarthy & Zald，1977）。基础良好的环保组织可能在财务和精英联系方面拥有良好的资源，但这些组织即使成员数量巨大，可能仍无法发挥出真正的草根力量。对此的一个解决方案是动员除了这些组织内部能够游说的广泛但浅薄的成员之外的其他资源来作为替代或补充，这可能需要真正草根的力量的加入和积极的抗议活动。大量证据表明，这种策略在过去是成功的且能够影响立法（Olzak & Ryo，2007）。那为什么美国的气候运动不多采取这样的做法呢？一些观察家将美国描述为一个社会联系薄弱的国家，罗伯特·普特南（Robert Putnam）在《独自打保龄》（Bowling Alone）一书中所讨论的社会资本的侵蚀就是一个这样的典型（Putnam，2000）。媒体的繁荣，无论是否具备"社交化"，都不太可能减缓甚至可能加速这种趋势，而这将使美国人变得更加被动。

不过，研究还表明社会动员的规模可以在实现运动目标方面发挥重要的作用。通过回顾美国历史上的五十四场社会运动，研究发现运动的规模越大，其影响力也越大（Amenta et al.，2010）。其他证据也表明，社会运动的规模越大（基于参加社会运动的组织数量而不是人数来衡量），越有可能因为参与运动的组织所使用的策略的多样性而间接地造成社会运动的成功。有学者研究了在美国民权运动期间参与的黑人民权组织（Olzak & Ryo，2007），发现随着参与运动的组织数量的增加，游说、抵制和游行等运动策略的多样性也随之增加，而社会运动成功的可能性也随着其策略多样性的增强而增加；但如果参与社会运动的组织数量超过一百之后，运动策略的多样性和组织对社会运动的支持水平都有所降低。换句话说，社会运动成功与否并不仅仅由规模大小来决定。

　　资源动员文献通过提供复杂组织或组织群是如何构成的模型，并指明社会运动的成功在很大程度上取决于其如何获取和运用不同类型的资源，从而帮助人们描绘了气候运动的可能性。当今社会的组织方式是否能够并且是否有助于解决气候变化这一分散、抽象和看似遥远的问题则另当别论。对于社会运动的社会生态学以及哪种类型的传播活动最有利于获取各种必备的资源，包括形形色色的成员动员，人们还有很多需要学习的知识。战略传播专家应该能为此做出贡献。

　　第二，集体认同。学者们以各种方式对"集体认同"一词进行定义。一般来说，集体认同指的是一个群体或群体中的个体成员对自己作为一个群体或群体一员的感觉。换句话说，这意味着身份上的归属感（Ashmore et al.，2004）。从不同群体是如何看待自身及他人是如何看待这些群体的角度来说，集体认同可以在决定哪些人会参与社会运动及参与社会运动后是否继续投入时间和资源等方面发挥重要的作用。民权运动（和其他社会运动）的证据表明，如果人们与其他成员有牢固的联系，或者对运动表达的理想有强烈的附属感，那么他们更有可能加入特定的社会运动组织。

这样一来，集体认同就可以解释"搭便车"（free-rider）现象，即为什么理性的人会在不确定社会运动是否能成功或根本不可能成功的情况下依然费心地付出额外的努力，而一旦运动成功了所有社会成员都可能从中受益（Polletta & Jasper，2001）。事实上，参加美国民权运动的非黑人成员很有可能通过参与民权运动来争取更公正的社会而获得共享利益，即使仅仅是这样"感觉良好"的收益。创造独特的话语可以帮助那些参与社会运动的组织保持独特的身份，证明其宗旨合理并有助于他们持续性地投入。

集体认同的重要性还在于它会影响社会运动所进行的活动。例如，如果某个运动被认为是激进的，则其成员更有可能反对与商业权力共谋，而如果某个运动被认为是温和的，其成员就不太可能进行抗议或遭到逮捕。即使在某些情况下反认同感的举动能带来可观的收益，参与社会运动的成员也往往不愿参与其中，因为这有悖于他们对自己所在集体的看法。集体认同可能会超越纯粹的物质收益。但是，集体认同不是严格执行某些操作而限制其他操作的静态实体。培养特定的"外部"身份可能有助于获得某些好处，例如尊重。在某些情况下，一些看起来有意义的活动会让成员愿意离开当前的身份，相应的，群体也会改变其集体认同从而让新的行动有更强的可能性也更合理。

社会运动也可以策略性地慎重运用其集体认同，从而引起他人的特定反应或使他人更难使用某些策略来对付自己。例如，一个温和的环保组织可以利用其与公司合作的历史来表明自身温和派的立场，从而防止反对者攻击自己为"极端激进组织"。这表明不同的社会运动可以，代表不同的社会身份并存在于不同的社会领域，会是成功的。但重要的是，集体认同也限制了社会运动的领袖要不影响成员认同感的情况下可以与其他组织建立联盟的类型。因为如果组织成员是因为该组织的某种集体认同而与之产生共鸣的，但随着该组织领导者决定组建一个联盟，可这个联盟与某些成员所认同的身份不一致，那么这些人就有可能会离开。在这一点上，气候变化就代表了一项特殊的挑战，因为气候运动最终需要环保团体和能源利益方共同参与到解决方案的实施中。因此，集体认同比简单地定义包装自己要重要得多，且具有重要的物质和战略意义。此外，集体认同对保持组织的存在感、吸引组织成员和维持组织行动来说至关重要，对于社会运动可采用的行动类型及其战略选择也具有重要的影响。集体认同肯定是任何有效的气候运动团体必不可少的要素，但也会随组织类型的不同而有所差异。环保组织的一部分成员可能以气候运动激进分子自居，但组织中的其他成员可能将自己视为更广泛的环保或社会运动的一部分。在能源行业或能源政策领域工作的某些人可能拥有与气候运动相同的目标和价值观，但根本不认为自己是气候运动的一部分。实际上，有些人可能因为害怕自己成为他人眼中"错误的那类人"（类似于"沉默的螺旋"效应）而不愿意与气候运动沾边，尽管其他人也许看到的并不是冲突而是潜在的协同效应。

尽管这非常复杂，但强有力的共有的集体认同感可能有助于鼓励更多人和更多群体一起展开工作。在不同的群体之间存在很多可以开展创造性合作的机会，例如在环保组织和能源产业之间建立联盟——通过两者调整各自的集体认同从而适应广泛而可持续的工业发展，并在局部地区尝试替代性的较小规模的商业努力。"可持续"一词已成为流行语，作为一个概念，它让具有高度身份分歧的人和群体朝着不同但普遍兼容的目标努力，从而接受甚至认同"可持续"这一概念。

当然，合作或联盟对某些人来说可能根本没有吸引力，对某些团体来说，独立的工作以及保持"局外人""边缘人"或"纯粹抗议者"的身份可能更好。特定群体的身份认同的变化可能非常有限。在某些情况下，泛化组织的认同感可能会降低组织成员对团队的热情和认同感。较温和的参与者可能会退出他们认为越来越激进的组织，或一些参与者可能会退出他们认为已经逐渐主流化的组织。显然，集体身份的发展、培养、预期和修正将会是传播者和传播研究能够做出重大贡献的领域。

第三，政治机会结构。增强社会运动效果的另一种方法是使其与现有的政治机会结构保持一致（Meyer & Minkoff, 2004）。从广义上讲，政治机会结构是指社会运动试图采取行动所处的政治环境。如果说社会动员和集体认同侧重于内部活动和运动构成，那么政治机会结构侧重的就是社会运动所处的外部环境。这种环境中的重要因素包括政治制度（包括地方政治制度和国家政治制度）的性质、不同政党和其他相关团体可获得的权力的大小和类型、可动员的资源、具体的立法规则、近期的政治历史及现有同盟的实力（Meyer & Minkoff，2004）。

学者基茨切尔特于1986年比较了在法国、瑞典、美国和西德进行的反核运动的历史和效果（Kitschelt，1986）。基茨切尔特的研究主要着眼于两个维度：（1）政治投入结构（即引入新问题和新议程进行认真考量的难度）；（2）政治输出结构（即新问题和新议程被引入进行认真考量后，要建立有效的联盟并成为政策一部分的容易程度）（Kitschelt，1986）。美国可能会被归类为"开放"的政治投入结构和"弱"政治输出结构，因为当时的美国国会相对有一定的实力，而行政部门实力相对分散，且总体上不存在使利益集团与政府互动的官方结构化流程。但今天的美国由于国会处于僵局，且行政部门日渐强大，所以也许不会再被归类为"开放"的政治投入结构和"弱"政治输出结构。与此形成鲜明对比的是法国。法国当时被归类为"封闭"的政治投入结构和"强"政治输出结构，因为其强有力的行政部门针对那些对主要政治集团来说很重要的问题保持了固有的关注，且行政机构在执行任何其制定的政策时面临的挑战很少。基茨切尔特总结说，这样的政治机会结构模式导致了反核运动在美国进行了更多的游说活动，因为美国的政治投入结构更容易受到直接的影响，而反核运动在法国较少有游说活动倒是更多地采用针对核电的抗议活动，因为法国的政治投入结构相对封闭，"内部"战略不容易奏效。相较而言，美国的抗议活动规模更小，只有在发生重大事件（如宾夕法尼亚州三里岛的核反应堆事故）时才会有大规模的抗议活动（Kitschelt, 1986）。最新的政治机会结构研究批评了以基茨切尔特为代表的研究过于简单化，认为政治机会结构远比基茨切尔特研究中所说的封闭/开放投入结构和薄弱/强劲输出结构更为复杂多变（Amenta et al., 2010）。例如，在成立环境部之前，意大利在环境政策上的政治输出结构可能弱于其他政策领域（Giugni, 2004）。但这仅增强了一种论点，即任何希望在该国获得认可和成功的社会运动都应特别关注该国在特定时间的政治机会结构。

　　未来的社会运动如果要提高成功的机会，就应考虑与社会运动目标相关的特定机会结构。那些想要促进变革的人应该努力推动自身所处的政治环境中可能实现的目标，并采取措施来改变未来的环境。政治传播学者应该也可以找到研究机会，以研究政治机会结构如何限制或增强特定的传播策略的效果。

　　第四，策略能力。研究社会运动所使用策略的学者已经注意到要创建通用性规则很困难（Maney et al., 2012）。每一次的策略规划都是一个复杂的过程，需要考虑未来的多种可能性并在不同选择间妥协，其结果通常难以确定。一种策略是否合适在很大程度上取决于特定的情境以及构建策略时可用的不那么完整的信息，可能适用于某种特定情况的好策略换到另一个时间和空间里就不那么适用了。事实上，策略根据情况的变化迅速改变路线，而不是严格固守原计划。因此，要制定一个适用于所有社会运动的有效策略是不可能的，但已有学者关注到了社会运动组织的普遍特征，这可能有助于增加这些组织选择好的策略的机会（Ganz，2004）。该学者在研究中描述了可以增加社会运动战略能力的各种要素，包括对该社会运动所问题及其整个社会和政治背景有深刻了解的成员、能够让成员经常了解到有关该社会运动的不同观点的组织构成、有助于弱势意见得以表达的组织过程、由具有深厚知识和经验的"内部人士"和能够利用非常规视角对形势提出创新性对策的"外部人士"组成的领导层，以及来源丰富的人力和物力资源能让该组织在行动上不受限且不需要在特定问题上保持特定观点（Ganz，2004）。这些研究发现与前人的研究发现策略越多样对社会运动越有利（Olzak & Ryo，2007）是一致的。

策略能力是一个组织特征。正如这些学者的研究所说，强大的知识基础和多元化的领导提供的多元化观点能增强策略能力。组织传播专家可能会觉得这是个非常有意思的研究多元化的组织成员之间的交流如何支持策略决策的机会，而科学传播专家则应该为夯实背景知识而努力，并使之能为气候运动的领导者和成员所用。

气候传播的经验和机会

尽管气候变化与过去激发并动员了社会运动的其他问题之间存在实质性差异，但通过研究过往社会运动的重要方面并将其应用于气候运动定能有所收获。在前文的讨论中，我们试图厘清传播学研究的各个分支该如何在成功的社会运动中发挥作用。在接下来的结论部分，我们将进一步阐述前述社会运动的四大要素为气候传播学学者所提供的一些应用研究机会。这应该也是那些希望解决与当前气候运动组织相关问题的传播实践者或任何试图针对气候变化调动集体行动的人的兴趣所在。

从资源动员的角度来看，那些希望针对气候变化促成集体行动的人应该想办法推广气候运动或类似组织为实现其目标可能需要的特定的动员类型。社会中的个体不仅应该了解气候变化问题，而且要对气候运动及其目的持积极的态度。对气候运动正面的印象是有益的，是确保人们参与气候运动的必要但不充分条件。气候运动的目标不在于让人们改变孤立的个体行为，如购买不同的产品或采用更健康的行为，这些内容已经有大量传播学研究讨论过了。气候运动的目标也不是简单地说服人们相关科学事实是正确的，这是一种典型的"缺失型"科学传播路径。气候运动的目标应该是要激励人们将自己的时间、精力、金钱、技能和社会联系及其他资源贡献于应对气候变化。但什么样的传播内容才能促使人们做此种选择呢？一些研究建议有围绕"为了实现社会行动"而非"为了实现劝服"进行内容架构作为实现这种策略传播目标的一种有效方式（Sprain，2015）。促进动员、为了实现社会行动而进行内容架构需要改变目前所使用的信息诉求的类型。当然，对此需要进行更多研究，且应该通过展示其他目前较少受研究者关注的案例来增加我们对劝服的一般理解。

集体认同已被证明在与潜在参与者进行沟通时是非常重要的，它构成了组织及其目标的一种"品牌"。参与社会运动所带来的积极的集体认同感和自我认同感可以代替物质来鼓励人们努力参与到社会运动中来。呼吁保持诸如保护荒野和其他动物栖息地或为人类创造一个更健康、更安全的世界之类的价值观，在型塑态度甚至鼓励成员方面作用强大。价值观很重要——对于那些不被环保价值观驱动的人来说，呼吁他们通过节约能源或采用太阳能、风能等住宅新能源来省钱未必奏效（Priest et al.，2015）。但诉诸集体认同应该能唤起更深刻的自我和品格意识，并增强积极参与的动机。可惜很少有传播学者研究社会运动诉求与集体认同之间的关系。换言之，参加某种特定类型的社会运动是否会影响别人对参与者的看法？一个社会组织需要用何种身份来吸引特定类型的参与者？以及参与社会运动将如何改变人们自身的身份认同？这些在气候运动中如何体现？研究过往的社会运动在爆发和维持阶段集体认同的性质、重要性和有效性应该会成为未来研究中一个有意义的方向。各个组织还应该有意识地谨慎思考自身希望投射出何种集体认同，以及此种集体认同将如何影响组织能获取的公众参与的多少和类型。这并不是说组织应始终致力于最大程度地扩大可能的成员和盟友的数量，因为这可能会削弱该组织的吸引力及最终的影响力。那些希望推动气候运动的人应该在做出影响其集体认同和公共表达的决定前，仔细考虑谁的参与才是至关重要且有效的，而谁的效忠可能并无必要甚至是有害的。

基于政治机会结构的考量，气候运动的目标应该是通过政治体系中的杠杆点产生影响。通过该杠杆点，气候运动可能会影响其最终结果，而这将对值得努力实现的碳和其他温室气体的减排产生足够的影响力。联邦政府是影响美国温室气体排放量的杠杆点之一。但有学者认为，由于参议院共和党人和"煤炭州"民主党人根深蒂固的反监管立场，短期内气候运动不太可能产生强有力的效果（Skocpol，2013）。在短期内，关注地方层面的气候政策和清洁能源发展可能更有意义。这可能需要涉及信息的开发，需要开发一些能够调动特定的地区、州或城市认同、价值观、关键行业、共同历史及可用的发展和监管机会的信息。针对当地情况量身定制的成功的信息可以帮助建立本地化的草根运动，进而有助于选举出对气候运动有利的立法者，他们能在联邦一级就气候问题施加政治压力。

策略能力的最大化将要求气候运动组织具有灵活性和适应性。一个成功的气候组织将需要能够对不断变化的环境和新出现的机遇迅速做出反应，以便有效地实现其战略目标。这表明参与气候运动的应用型传播学者应该做好准备，快速地开发出适用于不同情境的有效的消息，并就此开展实践。这将使气候运动的成员能更快地响应意外的极端天气事件、突然发生变化的缓解气候问题的立法或其他行动者的策略正在发生变化的信号，而这些快速响应都将成为未来的经验。

传播学专家（研究者和实践者）能够对策略能力有所贡献的另一个方面是能让气候运动的成员获取到更多有用的背景知识。如果气候运动中有更多活跃的成员对相关的主题领域有更多的了解，则他们将从各种角度考虑更多潜在的相关因素，这将增加做出明智决策的可能性。传播学专家还能通过设计有效的工具来存储和共享信息，从而让更多人，不论是气候运动的成员还是气候运动希望能影响到的群体，获取更多相关知识。能共享的信息包括与气候科学、能源政策和替代性能源技术、政治机会和制约因素、好的传播技巧、有效的保护策略及其他许多主题相关的信息。这可以通过一个设计精良的网站或形成谈话要点的形式来实现，这些谈话要点可以为会议、演讲、组织内的沟通以及组织与重要成员之间的联系提供信息。最后，拥有观点多元化的成员是策略能力的重要方面。但这可能需要具有不同观点的成员在如何分享观点而又不会引发冲突方面有良好的训练，且领导者可能也需要在如何完美地解决意见分歧和其他冲突上有一定的经验。传播学专家可以就如何设计并在气候运动中提供交流机会提供建议，以便观点不同的成员在分享自己的观点时能在最大程度上拓宽视野却又不会损害整体的友善精神。

接下来，最后一章将总结书中的要点，并集中讨论一些作者认为对传播者、传播学研究者和科学家来说在气候传播中最重要的内容。

第八章
气候传播的未来

　　要理解如何在气候变化的背景下发展、研究或执行有效的传播策略需要公众、学者和传播者在思考上进行某种范式转换。科学传播研究和实践已经发生了很大的改变。气候传播的研究者、实践者和公众应该已然超越了认为发布正确的科学信息就能有效地培养人们的科学素养或解决科学与社会之间存在问题的时代。今天的科学传播学者和积极的科学传播实践者都越来越擅长推动包括非科学家在内的反思科学发展的对话、讨论和其他形式的双向互动，甚至在某些情况下为科学发展做出贡献，但这些人也有自己的局限。他们所推动的科学讨论和科学参与活动通常都是小范围地发生，是一次性的实验，且不太会升级到去促进更广泛的参与。那些参与科学传播活动的人可能本身就对科学技术非常感兴趣，且科学传播活动和针对政策制定展开的集体行动之间的联系不论是在理论上还是实践中都非常薄弱。

　　许多现有的传播模型和说服策略，如健康传播、政治传播、广告或创新扩散，都是在与今天完全不同的背景下发展起来的。这些传播模型和说服策略无法简单地转化到气候传播中来，也不能直接拿来理解和促进气候运动中的集体行动。在这本书中，无论是在谈论新闻和科学领域的专业准则和道德规范、构成媒体的社会网络、科学的社会组织，还是在讨论人们亟需的应对21世纪气候变化的基础广泛的社会运动时，我们都强调了群体的重要性。气候传播的研究范式需要转移到更明确的对集体的关注上，这将需要新的理论研究和新的研究策略，还需要重新考虑如何在全新的促进社会变革的背景下运用熟悉的概念，如效能感、情感诉求、科学素养和群体认同感等。要帮助人们了解气候变化背后的科学基础是一回事，要帮助他们了解需要为此做什么则是另一回事。

传统的大众媒体虽然远非完美，可已经在气候报道方面取得了长足的进步。但这就够了吗？技术飞速发展，可供选择的信息源越来越多，但新闻守门人越来越少，公民个人有权在众多竞争性的声音中做出新的选择，但他们可能需要新的技能才能有效地做到这一点。这些新的技能之一就是要理解科学本身就是一个集体性的社会过程，不确定性是这个过程的一部分而不是错误或表明科学知识不可信任。同时，新闻本身在很大程度上已被重新定义。因为虚假平衡而出现的"不平衡"报道这个老问题可能已逐渐消退，但该问题本身却是不加选择地传达或有时剥夺科学合法性这一更大问题的一部分。但现在这个更大的问题正直接地落到受众的肩膀上，他们必须在新的信息环境中得出有关复杂问题的看法或简单地直接听信自己追随的意见领袖。这些意见领袖中，很少有科学家，而既是好的科学家又是好的传播者的人更少。传统媒体时代公众信赖度颇高的新闻主播也在消失。我们需要新的研究来探讨新媒体世界中在气候问题上舆论的领导和信任是如何运作的，并对当前有关科学问题的舆论环境及动态进行研究。

新闻媒体作为一个整体可能仍能设置议程，但现在的媒体生态及其所嵌入的社会生态较以前已变得更为复杂。博客、网站、社交媒体消息、有线电视新闻网络、新兴的在线新闻机构以及其他的无数影响因素正在以全新且看似更个性化的方式塑造着人们对世界的认知。报纸、杂志和有线电视新闻等传统媒体在今天仍有影响力，但它们在吸引人们的注意力和信任方面面临更多竞争。特别是印刷媒体在影响力和宣传力上已经经历了多年的衰退，新媒体则既可能团结人们也可能孤立人们，既可以给人们提供信息，也可能给人们造成信息负担。在新媒体环境中，怎样才能最好地吸引人们的注意并让他们改变初衷？人们有哪些可行的途径来采取集体行动应对气候变化？

最后，解决气候问题需要的不光是对气候知识有良好理解的公民。个人生活方式的改变很重要，但还远远不够。最终，气候运动要成功需要创造新的行动途径，从已经感受到气候变化影响的地方层面开始的，并进而影响到全国乃至全球。虽然在全国乃至全球范围内采取持续性的行动来应对气候变化是很有必要的，但这似乎会成为一个更大的挑战。气候变化并不只是影响某个特定区域，它会影响到每个人，实际上已经在影响着每个人了，可即使是那些最有可能在短期内受气候变化影响的人也没有行动起来支持可用的解决方案。许多人可能还没有意识到自己所在地区的天气问题和全球的气候趋势有何联系。环保团体将成为社会动员的必要组成部分，但和政治家们一样，环保团体也有自己的关注领域和优先事项。气候是许多环保团体在工作中的日常关注，但我们仍需要提高气候问题在社会的重要性，以便教育和吸引所有人并推动新的气候政策。

社会运动该如何融入气候变化这个如此分散、看起来如此遥远、在技术上又如此复杂、具有高度威胁性以至于有些人完全放弃思考的问题？人们最珍视的价值观、最深刻的集体认同是如何一方面促使人们应对气候问题，另一方面又让许多人退缩的？社会运动能吸引人们的加入，不光因为这些人通过社会运动感觉到了归属感和投入感，也因为社会运动的目标和存在强化了社会运动所代表的特定的集体认同。从这个意义上讲，气候问题意味着什么？传播学研究应该能够回答一些问题，但这需要一些新的思考和调整。我们需要继续提出新的问题，思考这些新问题可能需要的新的研究方法。

气候是一个社会正义问题。地球上的所有人都会被气候变化所影响，但影响各异，有些人会比其他人更能抵御新气候模式下可能的最坏影响。未来的人们会比我们这代人因为气候变化受到更大的影响。老年人会更容易受到极端天气的影响（US EPA，2016）。世界各地的穷困人口拥有的应对气候变化的资源更少。各地的沿海居民，穷也好富也罢，在农村也好在城市也罢，都将面临更大的挑战。可以说，目前作为有资源支持针对气候变化采取行动的人们，即使不是出于其他短期的、实用的、利己的原因，在道德上也有义务为了他人包括子孙后代来解决气候变化这个问题。最后，鉴于当前的环保组织和其他非政府组织似乎无法在应对气候变化的行动中找到恰当的位置来协调一致，因此对气候的关注可能需要融入气候运动。科学家或环保主义者都无法也不应承担支持气候政策的全部负担。传播者和传播学者也无法承担所有责任，但是传播学界可能已经注意到气候运动所提供的研究机会，且事实证明新的有关传播与社会运动之间关系的研究对气候运动倡导者来说应该有用。气候运动可能与以前的美国民权运动或环保社会运动不太一样，这一点还有待观察。气候问题将会引导我们在这个新媒体及后大众传播时代朝着新的方向前行。即使这样，我们仍能从以前的社会运动文献中学到很多适用于当代的东西。

我一直试图在本书中强调，在不放弃尝试更好的个人沟通和说服方法的前提下，气候传播领域不应忽视更广泛的集体行为及其可能提供的研究机会。人类是社会性的，传播对于社会性这一特征至关重要，在气候传播问题上需要集体性的社会行动。事实上，在很大程度上是传播将人们作为一个社会、地区、国家或是地球村凝聚了起来，这也成为人们作为一个物种最显著最特别的标志之一。虽然常常通过个人层面来衡量，但舆论是在集体过程中形成和发生变化的，舆论动态在个人和集体层面上都影响着人们。即使它比以往任何时候都更加分散和多样化，传播媒体仍然是一个中心因素，并以新的方式影响人们的看法。我们需要更多地研究这些变化过程是如何发挥作用的。

　　基于以上讨论，本书想为传播者和其他想要改善气候传播的人指出四个具体的方向：（1）继续就气候问题与人们进行面对面交流和媒介化沟通，这才能让气候问题一直停留在公共议程上；（2）考虑"转向集体"，进一步强调传播与集体之间的关系；（3）将气候问题理解为需要采取社会行动的社会正义问题，而不仅仅是需要个人层面行为的问题；（4）聚焦解决方案，而不仅仅是问题本身，从而促进应对气候变化的社会行动。

人际策略在气候传播中的重要性

　　本书曾提过，2005年卡特里娜飓风横扫新奥尔良时，有些人比其他人更早离开家园。学者访谈了美国南部因为卡特里娜飓风而遭疏散的人员（Taylor et al.，2009），问了114个人在最终决定离开时想到的是什么。结果发现，当他们回忆这一刻时，许多人说他们早知道有暴风雨，并通过媒体报道、人际信源和自己过往的经历来解读暴风雨的严重程度，但最终往往需要有某种促动，如邻居来敲门、一个预警电话、在紧急情况下甚至可能是一名救援人员发出"该走了"的信息，才能让他们实际决定疏散。换句话说，光有风暴信息并不够——尽管受信任的媒体内容及广播新闻中熟悉的声音有时很有说服力，但访谈对象中只有不到三分之一的人是因为媒体的报道而决定撤离的。在许多情况下，还需要在集体应对措施的不断发展壮大中，让人际信息通过本地社交网络传播才能引发行动。

传播学学者都知道，人际交流或人际交流结合媒介传播比单独的媒介传播要强大得多（Lazarsfeld et al., 1944）。人际交流能通过社交网络迅速进行，这已经不仅仅是一个人与另一个人说话的问题了，在互联网时代这一事实尤为明显。信任是风险传播中的重要因素。与可信赖对象的面对面交流或媒介化沟通将继续成为未来气候传播的重要组成部分。许多人并不认识任何科学家，而科学家们似乎更多地通过印刷媒体和博客而不是广播、播客和视频发声。这凸显了需要由更多人来共同担任气候传播中的"意见领袖"角色，从公园、博物馆和大学的公关人员和教育人员到老师、作家、媒体人、政治和宗教领袖，也许最重要的是亲戚、邻居和朋友，甚至传播学学者也可以像科学家一样在公众的私人生活中扮演这个角色。

公开谈论气候问题是必要的。这么做不仅能让气候议题保留在媒体和公共议程上，还能塑造舆论氛围，帮助人们增长相关知识。当这个过程转移到新媒体中时，与人际沟通以新的方式产生了互动。当自己生产的信息得到病毒式传播时，企业通常会非常高兴，因为这是从最初有广告制作和广告植入以来能想象到的最便宜的广告策略之一——消息的传播完全是免费的。然而，到底是哪些关键特征能让这条消息而不是另一条消息实现病毒式传播的仍未可知，这为传播学学者提供了一个研究机会。这也不仅仅是一个人（通过社交媒体）与另一个人交谈，人与人的沟通因为技术网络与真正的社会网络之间的联系而实现了加成。我们需要了解社会网络的类型以及信息是如何通过特定的社会网络得以传递的。但即使在非正式场合，与他人进行面对面交流也很重要。鉴于网络信息容易被忽略，这种面对面的交流可能更为重要。例如，每次有人在对话中提到天气时，都可以将其视为一个有利于推广气候科学的时机。传播研究者应关注有关气候变化的研究问题，并考虑通过田野调查、访谈或焦点小组等研究方法来进行研究。

气候传播的新研究范式：对集体的关注

传播学学者在谈到社会运动的本质时指出，风险传播研究并未充分关注社会群体（Boudet & Bell，2015）。本书高度同意这一点。为什么会出现这种情况呢？社会学是对人类社会生活的研究，是传播学特别是大众传播学的早期基础。尽管还存在许多其他影响，但后来广为人知的许多早期传播学者都接受过社会学训练。然而，经过多年的发展，传播学研究趋向于简单化。在定量研究中，通常将群体降维为人口统计学变量，个人通常是独立的分析单位。这反映了错过的研究机会——无法更好地了解群体是如何影响个人的，以及反之个人（尤其是处于领导地位的人）是如何影响群体的。

传播学学者们是为了在学术界寻求一席之地才那么看重定量研究吗？复杂的量化研究会给负责学者升职的委员会留下深刻的印象，并帮助巩固传播学是一个严谨的学科这一观点。这绝不是说实验或问卷调查研究没有价值，也不是说学者对学术地位的追求是激发量化研究的唯一因素。事实上，量化研究肯定会继续为人们提供重要的新见解，但量化研究方法通常倾向于将重点放在个人而不是社会群体身上。一般而言，如果我们的目标是了解社会行动决策和社会舆论形成的动力，那么还需要基于人类学、案例研究、访谈或混合研究方法来进行更多的研究。混合方法研究可能特别适用于理解支持集体行动和社会运动的形成和功能。尽管社会科学研究中的定性和定量鸿沟有时颇为棘手，但这个鸿沟实际上不应存在。

早期的社会学和部分始于社会学的传播学具有一种创造力，一种在今天的传播学界欠缺的创造力。提出对人类社会至关重要的理论问题可能有助于创造力的再生，而气候变化问题正好提供了这样的机会。传播学研究需要为集体现象研究注入新的活力。作为社会科学家，我们应该更好地思考传播在社会群体中的核心作用。传播必须在一定的社会背景中基于共同的语言和文化才能进行，这不仅涉及信息传递，还涉及网络建设、团队决策和认同形成等问题。作为学术共同体，学者们将会从多样化的研究方法中受益。对气候传播来说，可能最重要的是思考能促使气候运动发生的各种价值观和认同感，这是个人与社会的交点。我们不应始终仅依靠实验或问卷调查的方法来测量集体认同或集体行为动态。虽然尚不清楚何种集体认同会促使人们加入气候运动，这也许是另一个研究机会，精心设计的实验可能会对此做出巨大的贡献。尽管我们最终可能可以找到"代表"某些相关社会要素的量化变量，但这些变量往往无法说明全部问题。对人类的社会认同和人类文化的理解需要从整体上进行，而不是通过对一系列离散问题的回答来实现。在找到答案前，还需要进行一系列的探索。

行动导向下气候作为社会公义问题

如果我们回顾一下美国以往成功的社会运动，它们往往具有一个容易被忽视的特征：社会正义导向和人类不可剥夺的权利。试想一下废奴制、妇女选举权运动，后来的女权运动及围绕种族的一系列相关民权运动，这些民权运动不仅针对非洲裔美国人、亚裔美国人、西班牙裔和拉丁裔美国人，还针对美国原住民、老年人、残疾人和性少数群体（如同性恋、双性恋和变性者）。反越战运动最终改变了美国在东南亚的政策，甚至可以说结束或至少有助于结束这场战争。在反越战运动中，越南人的自决权和年轻的美国人抵抗军事征兵的权力都受到了威胁，后者被迫在一场被普遍认为是不公正的战争中进行战斗。由此推论，在世界上最易受气候变化影响的地区，关于子孙后代和当代人权利的争论也应能成就气候运动。

在此背景下，特别值得一提的是态度最终转变为政治行动的有力例证：1988年，罗纳德·里根总统签署了一项法案，向十多万名二战期间被送往美国各地监狱的日裔美国人（其中大部分已经是美国公民）赔偿每人两万美元并正式道歉（Qureshi，2013）。诚然，这么小的一笔钱永远无法补偿这些受害者的损失。但另一方面，这至少表明美国确实在社会正义上具有某种集体性的历史良知。

乍一看，环境运动似乎并没有陷入以社会公义为导向的模式，但实际上，它可以被解释为代表了一种普通公民为了保证自己在无污染的环境中生活和工作或保证自己所关心的物种在没有危险的环境中生存的权利的运动。一些环保主义者把对自身生存权利的保护延续和扩展到许多其他物种。环保主义者的抗议活动已经导致人们减少了对海豹的杀戮，增强了对鲸鱼、海豚和其他海洋生物的保护，并停止了对老林的砍伐（特别是在涉及重要动物栖息地的情况下，如在美国太平洋西北地区新发现了猫头鹰的栖息地）。公众压力导致黄石公园作为美国最受欢迎的公园之一重新引入了狼。气候将影响许多剩余的野生物种（以及被驯化的野生物种），因此某些物种的保护者和保护组织可能会成为应对气候变化运动中的新兵，尽管他们未必会成为气候运动的领导者。

对集体研究感兴趣的传播学者尤其应该考虑对行动展开研

究（Abraham & Purkayastha, 2012）。不同于通常的假设，即研究人员必须与研究对象保持心理上的分离以确保客观性，行动研究假定研究人员可以作为试图解决问题并寻求新方向的活跃组织或社区的一个嵌入式组件。许多行动研究的项目都在发展中国家进行，研究人员可能会在资源有限的情况下帮助当地社区定义、阐明并实现自己的目标。但也有传播学学者基于自己在一场大洪水后对当地社区进行的行动研究认为传播学研究者对社区（包括自身所在的社区）研究的持续失败"令人失望和困扰"（Rakow, 2005, p.6）。

那些有时间、兴趣、决心和资源参与到气候运动组织的行动研究、新兴的替代型能源企业的企业家，或研究人们的工作和生活与气候问题相关的社会环境的传播学学者正面临着一个有利的机会。他们的研究可以针对那些遭受与气候变化相关的洪水和干旱气候模式的变化或针对资源可用性问题（如鱼群减少和因森林大火导致的森林减少），包括可能特别脆弱的美国原住民社区（US EPA, 2016）。研究者能为这些组织或社区提供传播方面的建议和帮助。

不光提出问题，还要给出解决方案

气候对某些人来说似乎是一个不仅影响很飘忽，解决方案也很飘忽的问题。尽管效能感，即通过自身行动进行控制的感觉在健康传播和其他情境中的作用已经得到了很好的验证，但在气候传播中似乎尚未得到坚实的证据。也许这是因为无论通过问卷调查还是实验中的信息情境，研究参与者都根本感觉不到自己能为气候做点什么。当然，作为研究者，我们需要更深入地研究这个问题。但与此同时，效能感的作用在许多其他领域已经确立，因此传播实践者应该认真考虑人们需要知道的他们实际上能针对气候变化采取的行动：关灯、降低空调使用、减少旅行等。还有许多其他内容可以添加到这个列表中。此外，还需要支持新的气候政策和法律，并对其进行宣传。

气候变化的解决方案包括对生活方式的调整、对碳和温室气体排放的控制和对森林的保护。人们还需要超越这些既有方案，积极扩大对替代型能源的投资，并继续鼓励使用清洁能源。旨在为变化的发生清出道路的研究需要认识到政治愿景的集体性本质，在某些情况下需要从行动研究的角度出发来积极地推动应对气候变化的行动。要围绕气候问题创造出更多积极性，研究者们还需要证明这种努力是可能成功的。为了创造希望，要让人们知道微小的举动也能形成巨大的影响，这不仅仅是为了鼓励人们针对气候变化采取行动，也是为了减轻人们在面对气候问题时的无力感。在气候变化问题上，人类需要携手共进。

参考文献

AAAS Climate Science Panel. 2014. What We Know: The Reality, Risks and Response to Climate Change. American Association for the Advancement of Science. http://whatweknow.aaas.org/wpcontent/uploads/2014/07/what-weknow_website.pdf

Abraham, M., and B. Purkayastha. 2012. Making a Difference: Linking Research and Action in Practice, Pedagogy, and Policy for Social Justice: Introduction. Current Sociology 60(2): 123–141.

Adler, B. 2014. Why is Environmental Defense Fund Backing Lindsey Graham? Grist. http://grist.org/politics/why-is-environmental-defense-fund-backing- lindsey-graham/

Ajzen, I. 2012. The Theory of Planned Behavior. In Handbook of Theories of Social Psychology, eds. P. A. M. Lange, A. W. Kruglanski, and E. T. Higgins, vol. 1, 438–459. Sage.

Akerlof, K., R. DeBono, P. Berry, A. Leiserowitz, C. Roser-Renouf, K. Clarke, A. Rogaeva, M.C. Nisbet, M.R. Weathers, and E.W. Maibach. 2010. Public Perceptions of Climate Change as a Human Health Risk: Surveys of the United States, Canada and Malta. International Journal of Environmental Research and Public Health 7(6): 2559–2606.

Allgaier, J. 2013. On the Shoulders of YouTube: Science in Music Videos. Science Communication 35(2): 266–275.

Amenta, E., N. Caren, E. Chiarello, and Y. Su. 2010. The Political Consequences of Social Movements. Annual Review of Sociology 36(1): 287–307.

American Institute of Physics. 2015. The Discovery of Global Warming. https://www.aip.org/history/climate/timeline.htm

Anderegg, W.R.L., J.W. Prall, J. Harold, and S.H. Schneider. 2010. Expert Credibility in Climate Change. Proceedings of the National Academy of Sciences 107(27): 12107–12109.

Ashmore, R.D., K. Deaux, and T. McLaughlin-Volpe. 2004. An Organizing Framework for Collective Identity: Articulation and Significance of Multidimensionality. Psychological Bulletin 130(1): 80–114.

Azjen, I., and M. Fishbein. 1980. Understanding Attitudes and Predicting Social Behavior. Prentice-Hall.

Bamberg, S., and G. MÖser. 2007. Twenty Years After Hines, Hungerford, and Tomera: A New Meta-Analysis of Psycho-Social Determinants of Pro-Environmental Behavior. Journal of Environmental Psychology 27(1): 14–25.

Barthel, M. 2015. Newspaper Fact Sheet. Pew Research Center. http://www.journalism.org/2015/04/29/newspapers-fact-sheet/

Beck, U. 1992. Risk Society: Towards a New Modernity. Sage.

Besley, J., A. Dudo, and M. Storksdieck. 2015. Scientists' Views About Communication Training. Journal of Research in Science Teaching 52(2): 199–200.

Bhattacharjee, Y. 2005. Citizens Supplement Work of Cornell Researchers. Science 308(5727): 1402–1403.

Bickerstaff, K., P. Simmons, and N. Pidgeon. 2008. Constructing Responsibilities for Risk: Negotiating Citizen-State Relationships. Environment and Planning A 40(6): 1312–1330.

Bishop, G. F. 2004. The Illusion of Public Opinion: Fact and Artifact in

American Public Opinion Polls. Rowman and Littlefield.

Borick, C.P., and B.G. Rabe. 2010. A Reason to Believe: Examining the Factors that Determine Individual Views on Global Warming. Social Science Quarterly 91(3): 777–800.

Borick, C., and B. Rabe. 2012. Belief in Global Warming on the Rebound: Fall 2011 National Survey of American Public Opinion on Climate Change. The Brookings Institution. http://www.brookings.edu/research/papers/2012/ 02/ climate-change-rabe-borick

Bostrom, A., and D. Lashof. 2007. Weather or Climate? In Creating a Climate for Change: Communicating Climate Change and Facilitating Social Change, eds. S. C. Moser and L. Dilling, 31–43. Cambridge University Press.

Boudet, H. S., and S. E. Bell. 2015. Social Movements and Risk Communication. In The Sage Handbook of Risk Communication, eds. H. Cho, T. Reimer, and K. A. McComas, 304–316. Sage.

Boykoff, M. 2011. Who Speaks for the Climate? Making Sense of Media Coverage of Climate Change. Cambridge University Press.

Boykoff, M.T., and J.M. Boykoff. 2004. Balance as Bias: Global Warming and the US Prestige Press. Global Environmental Change 14(2): 125–136.

Brulle, R.J. 2010. From Environmental Campaigns to Advancing the Public Dialog: Environmental Communication for Civic Engagement. Environmental Communication: A Journal of Nature and Culture 4(1): 82–98.

Brulle, R. 2012. Institutionalizing Delay: Foundation Funding and the Creation of U.S. Climate Change Counter-Movement Organizations. Climatic Change. doi:10.1007/s10584-013-1018-7 (December).

Brulle, R.J., J. Carmichael, and J.C. Jenkins. 2012. Shifting Public Opinion on Climate Change: An Empirical Assessment of Factors Influencing Concern Over Climate Change in the US, 2002–2010. Climatic Change 114(2): 169–188.

Carey, J. 2011. Storm Warnings: Extreme Weather is a Product of Climate Change. Scientific America, June 28. www.scientificamerican.com/article/extreme-weather-caused-by-climate-change/

Carson, R. 1962. Silent Spring. Boston: Houghton Mifflin.

Carvalho, A., and T.R. Peterson. 2012. Climate Change Politics: Communication and Public Engagement. Amherst, NY: Cambria Press.

Carvalho, A. 2010. Media(ted) Social Discourses and Climate Change: A Focus on Political Subjectivity and (Dis)engagement. Wiley Interdisciplinary Reviews– Climate Change 1(2): 172–179.

Centers for Disease Control and Prevention. 2015. Climate and Health. http://www.cdc.gov/climateandhealth/default.htm

Clarke, C.E. 2008. A Question of Balance: The Autism-Vaccine Controversy in the British and American Elite Press. Science Communication 30(1): 77–107.

Cobb, R. W., and C. D. Elder. 1983. Participation in American Politics: The Dynamics of Agenda-Building. 2nd ed. Johns Hopkins University Press.

Curry, D. 2010. Why Engage with Skeptics? http://judithcurry.com/2010/11/08/ why-engage-with-skeptics/

Darby, M. 2016. James Hansen's Apocalyptic Sea Level Study Lands to Mixed Reviews. Climate Home website. http://www.climatechangenews.com/ 2016/03/22/james-hansens-apocalyptic-sea-level-study-lands-to-mixed-reviews/

Davies, S. 2015. Scientists' Duty to Communicate: Exploring Ethics, Public Communication, and Scientific Practice. Unpublished manuscript, University of Copenhagen, Denmark.

Davison, W. 1983. The Third Person Effect in Communiation. Public Opinion Quarterly 47(1): 1–15.

Dearing, J.W. 1995. Newspaper Coverage of Maverick Science: Creating

Controversy Through Balance. Public Understanding of Science 4(4): 341–361.

Department of Defense. 2015. DoD Releases Report on Security Implications of Climate Change. http://www.defense.gov/News-Article-View/Article/612710

Desjardins, L. 2015. What Does Ben Carson Believe? Where the Candidate Stands on 10 Issues. http://www.pbs.org/newshour/updates/ben-carson-believe- candidate-stands-10-issues/

Desjardins, L., and N. Boyd. 2015. What Does Donald Trump Believe? Where the Candidate Stands on 10 Issues. http://www.pbs.org/newshour/updates/ donald-trump-believe-candidate-stands-10-issues/

Dewey, J. 1997. Democracy and Education: An Introduction to the Philosophy of Education. Free Press. (First published 1916).

Dixon, G., and C. Clarke. 2013. Heightening Uncertainty Around Certain Science: Media Coverage, False Balance, and the Autism-Vaccine Controversy. Science Communication 35(3): 358–382.

Doran, P. T., and M. K. Zimmerman. 2009. Examining the Scientific Consensus on Climate Change. Eos, Transactions American Geophysical Union 90(3): 22–23.

Downs, A. 1972. Up and Down with Ecology: The Issue Attention Cycle. Public Interest 28(1): 38–50.

Dunwoody, S. 2005, Winter. Weight-of-Evidence Reporting: What Is It? Why Use It? Nieman Reports 59(4): 89–91 .http://niemanreports.org/articles/weight-of-evidence-reporting-what-is-it-why-use-it/

Dunwoody, S., and R. Griffin. 2015. Risk Information Seeking and Processing Model. In The SAGE Handbook of Risk Communication, eds. H. Cho, T. Reimer, and K. McComas, 102–116. Sage.

Eagly, A. H., and S. Chaiken. 1993. The Psychology of Attitudes. Harcourt Brace and Janovich.

Edwards, B., and J. D. McCarthy. 2004. Resources and Social Movement Mobilization. In The Blackwell Companion to Social Movements, eds. D. A. Snow, S. A. Soule, and H. Kriesi, 116–152. Blackwell.

Endres, D., L. M. Sprain, and T. R. Peterson. 2009. Social Movement to Address Climate Change: Local Steps for Global Action. Cambria Press.

Etkin, D., and E. Ho. 2007. Climate Change: Perceptions and Discourse of Risk. Journal of Risk Research 10(5): 623–641.

Fausto-Sterling, A. 1987. Society Writes Biology/Biology Constructs Gender. Daedalus 116(4): 61–76.

Fegina, I., J.T. Jost, and R.E. Goldsmith. 2010. System Justification, the Denial of Global Warming, and the Possibility of "System-Sanctioned Change". Personality and Social Psychology Bulletin 36(3): 326–338.

Feldman, L., and P.S. Hart. 2016. Using Political Efficacy Messages to Increase Climate Activism: The Mediating Role of Emotions. Science Communication 38(1): 99–127.

Festinger, L. 1957. A Theory of Cognitive Dissonance. Stanford University Press. Gandy, O.H. 1982. Beyond Agenda Setting: Information Subsidies and Public Policy. Norwood, NJ: Ablex.

Fogg-Rogers, L., J.L. Bay, H. Burgess, and S.C. Purdy. 2015. "Knowledge as Power": A Mixed-Methods Study Exploring Adult Audience Preferences for Engaging and Learning Formats Over 3 Years of a Health Science Festival. Science Communication 37(4): 419–451.

Friedman, S. M., S. Dunwoody, and C. L. Rogers. 1986. Scientists and Journlaists: Reporting Science as News. Free Press.

Frumhoff, P. C., and N. Oreskes. 2015. Fossil Fuel Groups are Still Bankrolling Climate Denier Lobby Groups. The Guardian. http://www. theguardian. com/environment/2015/mar/25/fossil-fuel-firms-arc-still-bankrolling-climate-denial-lobby-groups

Gandy, O. 1982. Beyond Agenda Setting: Information Subsidies and Public Policy. Ablex Publishers.

Ganz, M. 2004. Why David Sometimes Wins: Strategic Capacity in Social Movements. In The Psychology of Leadership: New Perspectives and Research, eds. D. M. Messick and R. M. Kramer, 209–240. Psychology Press.

Gerken, J. 2012. "I Vote 4 Energy" Video Spoofs American Petroleum Institute Ad Campaign. Huffington Post, January 5. http://www.huffingtonpost.com/2012/01/05/i-vote-4-energy-video-spoof-api_n_1186400.html

Gifford, R. 2011. The Dragons of Inaction: Psychological Barriers that Limit Climate Change Mitigation and Adaptation. American Psychologist 66(4): 290–302.

Gitlin, T. 1980. The Whole World is Watching. University of California Press. Giugni, M. 2004 Social Protest and Policy Change: Ecology, Antinuclear, and Peace Movements in Comparative Perspective. Rowman and Littlefield.

Global Change Research Program. 2014. National Climate Assessment. http://nca2014.globalchange.gov/report

Goodell, R. 1977. The Visible Scientists. Little, Brown.

Gregory, J., and S. Miller. 1998. Science in Public: Communication, Culture, and Credibility. Plenum Press.

Griffin, E. 2008. A First Look at Communication Theory. 7th ed. McGraw-Hill. Also available online at www.afirstlook.com/docs/spiral.pdf

Griffin, R.J., S. Dunwoody, and K. Neuwirth. 1999. Proposed Model of the Relationship of Risk Information Seeking and Processing to the Development of Preventive Behaviors. Environmental Research 80(2): S230–S245.

Hamilton, L.C. 2011. Education, Politics, and Opinions About Climate Change; Evidence for Interactions. Climatic Change 104(2): 231–242.

Hamlett, P., M. Cobb, and D. Guston. 2008. National Citizens' Technology

Forum: Nanotechnologies and Human Enhancement. Report No. R08-0003. Arizona State University, Center for Nanotechnology and Society. https://cns. asu.edu/sites/default/files/librar y_files/lib_hamlettcobb.pdf

Han, H., and N. Stenhouse. 2015. Bridging the Research-Practice Gap in Climate Communication: Lessons from One Academic-Practitioner Collaboration. Science Communication 37(3): 396–404.

Hansen, J., M. Sato, P. Hearty, R. Ruedy, M. Kelley, V. Masson-Delmotte, G. Russell, et al. 2016. Ice Melt, Sea Level Rise and Superstorms: Evidence from Paleoclimate Data, Climate Modeling, and Modern Observations that 2 °C Global Warming Could be Dangerous. Atmospheric Chemistry and Physics 16(6): 3761–3812.

Harris, G. 2010. British Journal Retracts Paper Linking Autism and Vaccines. New York Times, February 2. www.nytimes.com/2010/02/03/health/research/03lancet.html?_r=0

Hart, P. S. 2010. Prosocial Messages and Perceptual Screens: Framing Global Climate Change. PhD diss., Cornell University.

Hayhoe, K., and A. Farley. 2009. A Climate for Change: Global Warming Facts for Faith-Based Decisions. FaithWords.

Hestres, L.E. 2015. Climate Change Advocacy Online: Theories of Change, Target Audiences, and Online Strategy. Environmental Politics 24(2): 193–211. Kitschelt, H.P. 1986. Political Opportunity Structures and Political Protest: Anti- Nuclear Movements in Four Democracies. British Journal of Political Science 16(1): 57–85.

Hiles, S., and A. Hinnant. 2014. Climate Change in the Newsroom: Journalists' Evolving Standards of Objectivity When Covering Global Warming. Science Communication 36(4): 428–453.

Horlick-Jones, T., J. Walls, G. Rowe, N. Pidgeon, W. Poortinga, and T. O'riordan. 2006. On Evaluating the GM Nation: Public Debate About the

Commercialisation of Transgenic Crops in Britain. New Genetics and Society 25(3): 265–288.

Howe, P., M. Mildenberger, J. Marlon, and A. Leiserowitz. 2015. Geographic Variation in Opinions on Climate Change at State and Local Scales in the USA. Nature Climate Change 5: 596–603.

Howe, P., M. Mildenberger, J. Marlon, and A. Leiserowitz. 2015. Geographic Variation in Opinions on Climate Change at State and Local Scales in the USA. Nature Climate Change 5: 596–603.

Iyengar, S., and D. Kinder. 1989. News That Matters: Television and American Opinion. University of Chicago Press.

James, B. 2015. Forget Cable Cord-Cutting: 83% of American Households Still Pay for TV. International Business Times, September 15. http://www.ibtimes.com/ forget-cable-cord-cutting-83-percent-american-households-still-pay-tv-2081570

Joireman, J., H.B. Truelove, and B. Duell. 2010. Effect of Outdoor Temperature, Heat Primes, and Anchoring on Belief in Global Warming. Journal of Environmental Psychology 30: 358–367.

Jones, S. G. 1995. CyberSociety: Computer-Mediated Communication and Community. Sage.

Kahan, D.M., H. Jenkins-Smith, and D. Braman. 2011. Cultural Cognition of Scientific Consensus. Journal of Risk Research 14(2): 147–174.

Kasperson, R.E., O. Renn, P. Slovic, H.S. Brown, J. Emel, R. Goble, J.X. Kasperson, and S. Ratick. 1988. The Social Amplification of Risk: A Conceptual Framework. Risk Analysis 8(2): 177–187.

Kellstedt, P.M., S. Zahran, and A. Vedlitz. 2008. Personal Efficacy, the Information Environment, and Attitudes Toward Global Warming and Climate Change in the United States. Risk Analysis 28(1): 113–126.

Kohl, P. A., S. Y. Kim, Y. Peng, H. Akin, E. J. Koh, A. Howell, and S.

Dunwoody. 2016. The Influence of Weight-of-Evidence Strategies on Audience Perceptions of (Un)certainty When Media Cover Contested Science. Public Understanding of Science. 25(8): 976–991.

Koletsou, A., and R. Mancy. 2011. Which Efficacy Constructs for Large-Scale Social Dilemma Problems? Individual and Collective Forms of Efficacy and Outcome Expectancies in the Context of Climate Change Mitigation. Risk Management 13: 184–208.

Krosnick, J.A., A.L. Holbrook, and P.S. Visser. 2000. The Impact of the Fall 1997 Debate About Global Warming on American Public Opinion. Public Understanding of Science 9: 239–260.

Kosicki, G. M., and J. M. McLeod. 1990. Learning from Political News: Effects of Media Images and Information-Processing Strategies. In Mass Communication and Political Information Processing, ed. S. Kraus, 69–73. Erlbaum.

Kuhn, T. S. 1970. The Structure of Scientific Revolutions. 2nd ed. University of Chicago Press.

Latour, B., and S. Woolgar. 1986. Laboratory Life: The Construction of Scientific Facts. 2nd ed. Princeton University Press.

Lazarsfeld, P. F., B. Berelson, and H. Gaudet. 1944. The People's Choice: How the Voter Makes Up His Mind in a Presidential Campaign. Columbia University Press.

Lee, M., and M.S. VanDyke. 2015. Set It and Forget It: The One-Way Use of Social Media by Government Agencies Communicating Science. Science Communication 37(4): 533–541.

Leiserowitz, A.A. 2005. American Risk Perceptions: Is Climate Change Dangerous? Risk Analysis 25(6): 1433–1442.

Leiserowitz, A., E. Maibach, C. Roser-Renouf, G. Feinberg, S. Rosenberg, and J. Marlon. 2014. Climate Change in the American Mind: October 2014.

Yale Project on Climate Change Communication. http://environment.yale. edu/ climate-communication-OFF/files/Climate-Change-American-Mind-October-2014.pdf

Lewenstein, B. 1995. From Fax to Facts: Communication in the Cold Fusion Saga. Social Studies of Science 25(3): 403–436.

Li, Y., E.J. Johnson, and L. Zaval. 2011. Local Warming: Daily Temperature Change Helps Influence Belief in Global Warming. Psychological Science 22(4): 454–459.

Lorenzoni, I., S. Nicholson-Cole, and L. Whitmarsh. 2007. Barriers Perceived to Engaging with Climate Change Among the UK Public and Their Policy Implications. Global Environmental Change 17(3–4): 445–459.

Lorenzoni, I., and N. Pidgeon. 2006. Public Views on Climate Change: European and USA Perspectives. Climatic Change 77(1–2): 73–95.

Leiserowitz, A., E. Maibach, C. Roser-Renouf, and J. D. Hmielowski. 2012. Extreme Weather, Climate and Preparedness in the American Mind. Yale Project on Climate Change Communication. http://environment.yale.edu/ climate/files/Extreme-Weather-Climate-Preparedness.pdf

Malka, A., J.A. Krosnick, and G. Langer. 2009. The Association of Knowledge with Concern About Global Warming: Trusted Information Sources Shape Public Thinking. Risk Analysis 29(5): 633–647.

Maney, G. M., R. V. Kutz-Flamenbaum, D. A. Rohlinger, and J. Goodwin, eds. 2012. Introduction. Strategies for Social Change (Social Movements, Protest and Contention. University of Minnesota Press.

Mathews, D.J., A. Kalfoglou, and K. Hudson 2005. Geneticists' Views on Science Policy Formation and Public Outreach. American Journal of Medical Genetics Part A 137(2): 161–169.

McCaffrey, M.S., and S.M. Buhr. 2008. Clarifying Climate Confusion: Addressing Systemic Holes, Cognitive Gaps and Misconceptions Through

Climate Literacy. Physical Geography 29(6): 512–528.

McCarthy, J.D., and M.N. Zald. 1977. Resource Mobilization and Social Movements: A Partial Theory. American Journal of Sociology 82(6): 1212–1241.

McClam, Erin. 2013. 'Unlikely We'll Ever Know': A Grim, Chaotic Count After Phillipines Typhoon. NBC News. http://worldnews.nbcnews.com/_news/2013/11/18/21523361-unlikely-well-ever-know-a-grim-chaoticcount-after-philippines-typhoon?lite

McComas, K., and J. Shanahan. 1999. Telling Stories About Global Climate Change: Measuring the Impact of Narratives on Issue Cycles. Communication Research 26(1): 30–57.

McCombs, M., and D. Shaw. 1972. The Agenda-Setting Function of Mass Media. Public Opinion Quarterly 36(2): 176–187.

McCombs, M.E., and D.L. Shaw. 1972. The Agenda-Setting Function of Mass Media. Public Opinion Quarterly 36(2): 176–187.

McCombs, M.E., and D.L. Shaw. 1972. The Agenda-Setting Function of Mass Media. Public Opinion Quarterly 36(2): 176–187.

McCright, A.M. 2009. The Social Bases of Climate Change Knowledge, Concern, and Policy Support in the U.S. Public. Hofstra Law Review 37(4): 1017–1047.

McCright, A. M. 2010. Dealing with Climate Change Contrarians. In Creating a Climate for Change: Communicating Climate Change and Facilitating Social Change, eds. S. C. Moser and L. Dilling, 200–212. Cambridge University Press.

McCright, A.M. 2011. Political Orientation Moderates Americans' Beliefs and Concerns About Climate Change. Climatic Change 104(2): 243–253.

McCright, A.M., and R.E. Dunlap. 2011. The Politicization of Climate Change and Polarization in the American Public's Views of Global Warming,

2001–2010. Sociological Quarterly 52(2): 155–194.

McKenzie-Mohr, D. 2011. Fostering Sustainable Behavior: An Introduction to Community-Based Social Marketing. 3rd ed. New Society Publishers.

McWright, A.M., and R.E. Dunlap. 2011. The Politicization of Climate Change and Polarization in the American Public's Views of Global Warming, 2001–2010. Sociological Quarterly 52: 155–194.

Merton, R. K. 1968. Social Theory and Social Structure. Free Press.

Merton, R. K., and N. W. Storer 1976. The Sociology of Science: Theoretical and Empirical Investigations. University of Chicago Press.

Meyer, D.S., and D.C. Minkoff. 2004. Conceptualizing Political Opportunity. Social Forces 82(4): 1457–1492.

Meyer, M. 2010. The Rise of the Knowledge Broker. Science Communication 32(1): 118–127.

Miller, J. 2013. The American People and Science Policy: The Role of Public Attitudes in the Policy Process. Elsevier. (Original published 1983, Pergamon Press).

Mooney, C. 2011. Climate-Media Paradox: More Coverage, Stalled Progress. http://www.desmogblog.com/climate-media-paradox-more-coverage-stalled-progress

Moser, S. C., and L. Dilling. 2007. Toward the Social Tipping Point: Creating a Climate for Change. In Creating a Climate for Change: Communicating Climate Change and Facilitating Social Change, eds. S. C. Moser and L. Dilling, 491–516. Cambridge University Press.

National Association of Science Writers. 2014. Code of Ethics for Science Writers. https://www.nasw.org/code-ethics-science-writers

National Center for Education Statistics. 2015. Digest of Education Statistics: 2013. Report NCES 2015-0011. United States Department of

Education. http://nces.ed.gov/programs/digest/d13/index.asp

National Science Foundation. 2014. Science and Engineering Indicators 2014. http://www.nsf.gov/statistics/seind14/index.cfm/chapter-7/c7h.htm

Nelkin, D. 1995. Selling Science: How the Press Covers Science and Technology. Rev. ed. W. H. Freeman and Company.

Newport, F. 2012. Americans, Including Catholics, Say Birth Control is Morally OK. http://www.gallup.com/poll/154799/americans-including-catholics- say-birth-control-morally.aspx

Nisbet, M. 2009. Communicating Climate Change: Why Frames Matter for Public Engagement. Environment: Science and Policy for Sustainable Development, March–April. http://www.environmentmagazine.org/Archives/Back%20Issues/ March-April%202009/Nisbet-full.html

Nisbet, M.C. 2014. Disruptive Ideas: Public Intellectuals and Their Arguments for Action on Climate Change. Wiley Interdisciplinary Reviews: Climate Change 5(6): 809–823.

Noelle-Neumann, E. 1993. The Spiral of Silence: Our Social Skin. 2nd ed. University of Chicago Press.

Oliver, P.E., and G. Marwell. 1988. The Paradox of Group Size in Collective Action: A Theory of the Critical Mass II. American Sociological Review 53(1): 1–8.

Olzak, S., and E. Ryo. 2007. Organizational Diversity, Vitality and Outcomes in the Civil Rights Movement. Social Forces 85(4): 1561–1591.

O'Neill, S., and S. Nicholson-Cole. 2009. Fear Won't Do It": Promoting Positive Engagement with Climate Change Through Visual and Iconic Representations. Science Communication 30(3): 355–379.

Oreskes, N., and E. Conway. 2010. Merchants of Doubt: How a Handful of Scienitsts Obscured the Truth on Issues of Tobacco Smoke to Global Warming. Bloomsbury Press.

Orenstein, D. 2009. Futurity, an Online Outlet for Research News, is Launched by Stanford and Other Leading Research Universities. https://biox. stanford. edu/highlight/futurity-online-outlet-research-news-launched-stanford-and- other-leading-universities

Palmer, L. 2012. Whose Is the Face, and the Voice, of Climate Change? Yale Forum on Climate Change and The Media. http://www.yaleclimatemediaforum.org/2012/03/whose-is-the-face-and-the-voice-of-climate-change/

Patchen, M. 2010. What Shapes Public Reactions to Climate Change? Overview of Research and Policy Implications. Analyses of Social Issues and Public Policy 10(1): 47–68.

Pearson, A.R., and J.P. Schuldt. 2014. Facing the Diversity Crisis in Climate Science. Nature Climate Change 4(12): 1039–1042.

Pearson, A.R., and J.P. Schuldt. 2015. Bridging Climate Communication Divides: Beyond the Partisan Gap. Science Communication 37(6): 805–812.

Polletta, F., and J.M. Jasper. 2001. Collective Identity and Social Movements. Annual Review of Sociology 27: 283–305.

Poortinga, W., A. Spence, L. Whitmarsh, S. Capstick, and N. Pidgean. 2011. Uncertain Climate: An Investigation into Public Skepticism About Anthropogenic Climate Change. Global Environmental Change 21(3): 1015–1024.

Priest, S. 2000. U.S. Public Opinion Divided Over Biotechnology? Nature Biotechnology 13: 939–942. (September).

Priest, S. 2013. Can Strategic and Democratic Goals Coexist in Communication Science? Nanotechnology as a Case Study in the Ethics of Science Communication and the Need for "Critical" Science Literacy. In Ethical Issues in Science Communication: A Theory-Based Approach, eds. J. Goodwin, M. F. Dahlstrom, and S. Priest, 229–244. Proceedings of the Third Summer Symposium on Science Communication, Iowa State University, May 30–June 1.

Priest, S. 2013. Critical Science Literacy: What Citizens and Journalists Need to Know to Make Sense of Science. Bulletin of Science, Technology & Society 33(5–6): 138–145.

Priest, S., H. Bonfadelli, and M. Rusanen. 2003. The "Trust Gap" Hypothesis: Predicting Support for Biotechnology Across National Cultures as a Function of Trust in Actors. Risk Analysis 23(4): 751–766.

Priest, S., T. Greenhalgh, H.R. Neill, and G.R. Young. 2015. Rethinking Diffusion Theory in an Applied Context: Role of Environmental Values in Adoption of Home Energy Conservation. Applied Environmental Education and Communication 14(4): 213–222.

Plumer, Brad. 2013. Why the U.N. Climate Talks Keep Breaking Down, in Five Simple Charts. Washington Post. http://www.washingtonpost.com/blogs/wonkblog/wp/2013/11/20/why-the-u-n-climate-talks-keep-breakingdown-in-charts/

Qureshi, B. 2013. From Wrong to Right: A U.S. Apology for Japanese Internment. http://www.npr.org/sections/codeswitch/2013/08/09/210138278/japanese-internment-redress

Rabinovich, A., T.A. Morton, and M.E. Birney. 2012. Communicating Climate Science: The Role of Perceived Communicator's Motives. Journal of Environmental Psychology 32(1): 11–18.

Rainie, L., C. Funk, M. Anderson, and D. Page. 2015. How Scientists Engage the Public. http://www.pewinternet.org/files/2015/02/PI_PublicEngagementby Scientists_021515.pdf

Rakow, L. 2005. Why Did the Scholar Cross the Road? Community Action Research and the Citizen-Scholar. In Communication Impact: Designing Research that Matters, ed. S. Priest, 5–18. Rowman & Littlefield.

Reser, J.P., and J.K. Swim. 2011. Adapting to and Coping with the Threat and Impacts of Climate Change. American Psychologist 66: 287–289.

Revkin, A. C. 2006. Climate Expert Says NASA Tried to Silence Him. New York Times, January 26. http://www.nytimes.com/2006/01/29/science/ earth/29climate.html?_r=0

Reynolds, T.W., A. Bostrom, D. Read, and M.G. Morgan. 2010. Now What Do People Know About Global Climate Change? Survey Studies of Educated Laypeople. Risk Analysis 30(10): 1520–1538.

Roberts, D. 2011. 'Brutal Logic' and Climate Communications. Grist. http://grist. org/climate-change/2011-12-16-brutal-logic-and-climate-communications/

Rogers, E. M. 2003. The Diffusion of Innovations. 5th ed. Free Press.

Romm, J. 2011. What Mistakes Did the Environmental Community and Progressive Politicians Make in the Climate Bill Fight. Climateprogress. http:// thinkprogress.org/romm/2011/04/23/207955/what-mistakes-did-the-environmental-community-and-progressive-politicians-make-in-the-climate-bill-fight/

Rughinis, C. 2011. A Lucky Answer to a Fair Question: Conceptual, Methodological, and Moral Implications of Including Items on Human Evolution in Scientific Literacy Surveys. Science Communication 33(4): 501–532.

Saad, L. 2015. Americans Choose "Pro-Choice" for First Time in Seven Years. http://www.gallup.com/poll/183434/americans-choose-pro-choice-first-time-seven-years.aspx

Saba, J. 2009. Editor & Publisher. Specifics on Newspapers from 'State of News Media' Report. http://www.editorandpublisher.com/news/ specifics-on-newspapers-from-state-of-news-media-report-2/

Sagan, Carl, and Ann Druyan. 1996. The Demon-Haunted World: Science as a Candle in the Dark. New York: Random House.

Scheufele, D. 2011. Modern Citizenship or Policy Dead End? Evaluating the Need for Public Participating in Science Policy Making, and Why Public Meetings May Not be the Answer. Research Paper Series No. R-34. Joan Shorenstein Center on the Press, Politics and Public Policy. http://shorensteincenter.org/wp-content/uploads/2012/03/r34_scheufele.pdf

Schudson, M. 1978. Discovering the News: A Social History of American Newspapers. Basic Books.

Science/American Association for the Advancement of Science. 2016. Special Online Collection: Hwang et al. Controversy—Committee Report, Response, and Background. http://www.sciencemag.org/site/feature/misc/webfeat/ hwang2005/

Secko, D.M., E. Amend, and T. Friday. 2013. Four Models of Science Journalism: A Synthesis and Practical Assessment. Journalism Practice 7(1): 62–80.

Seethaler, S. 2016. Shades of Grey in Vaccination Decision Making: Tradeoffs, Heuristics, and Implications. Science Communication 38(2): 261–271.

Shanahan, J., and M. Morgan. 1999. Television and Its Viewers: Cultivation Theory and Research. Cambridge University Press.

Shanahan, M. 2007. Talking About a Revolution: Climate Change and the Media. International Institute for Environment and Development, December. dlc.dlib.indiana.edu/dlc/bitstream/handle/10535/6263/Talking%20about%20a%20 revolution.pdf?sequence=1&is%20allowed=y

Shoemaker, P. J., and S. D. Reese. 1995. Mediating the Message: Theories of Influence on Mass Media Content. 2nd ed. Longman.

Siegrist, M., and E. Cvetkovich. 2000. The Role of Social Trust and Knowledge. Risk Analysis 20(5): 713–720.

Sierra Club. n.d. Wind Siting Policy. http://www.sierraclub.org/policy/energy/ wind-siting-advisor y

Simon, H. 1956. Rational Choice and the Structure of the Environment. Psychological Review 63(2): 129–138.

Skocpol, T. 2013. Naming the Problem: What It Will Take to Counter Extremism and Engage Americans in the Fight Against Global Warming. http://www.scholarsstrategynetwork.org/sites/default/files/skocpol_captrade_report_januar y_2013_0.pdf

Skocpol, T., and V. Williamson. 2011. The Tea Party and the Remaking of Republican Conservatism. Oxford University Press.

Slovic, P. 1987. Perception of Risk. Science 236: 280–236.

Smil, V. 2010. Energy Transitions: History, Requirements, Prospects. Praeger. Sprain, L. 2015. Framing Science for Democratic Engagement. Unpublished paper, University of Colorado Boulder.

Song, L., and K. Bagley. 2015. EDF Sparks Mistrust, and Admiration, with Its Methane Research. Inside Climate News. http://insideclimatenews.org/ news/07042015/edf-sparks-mistrust-and-admiration-its-methane-leaks-research-natural-gas-fracking-climate-change

Southwell, B.G., and M.C. Yzer. 2007. The Roles of Interpersonal Communication in Mass Media Campaigns. Communication Yearbook 31: 419–462.

Spence, W., R. B. Herrmann, A. C. Johnston, and G. Reagor. 1993. U.S. Geological Survey Circular 1083. Responses to Iben Browning's Prediction of a 1990 New Madrid, Missouri, earthquake. U.S. Government Printing Office. http://pubs. usgs.gov/circ/1993/1083/report.pdf

Stamm, K.R., F. Clark, and P.R. Eblacas. 2000. Mass Communication and Public Understanding of Environmental Problems: The Case of Global Warming. Public Understanding of Science 9(3): 219–237.

Sturgis, P., and N. Allum. 2004. Science in Society: Re-Evaluating the Deficit Model of Public Attitudes. Public Understanding of Science 13(1):

55–74.

Subramanian, C. 2013. Rebranding Climate Change as a Public Health Issue. Time,August8.http://healthland.time.com/2013/08/08/rebranding-climate-change-as-a-public-health-issue/

Sutter, J. 2016. Maybe Stop Selling the Ocean? http://www.cnn.com/2016/03/24/ opinions/sutter-new-orleans-climate-auction/

Sweetser, K.D., G.J. Golan, and W. Wanta. 2008. Intermedia Agenda Setting in Television, Advertising and Blogs During the 2004 Election. Mass Communication and Society 11: 197–216.

Swift, A. 2015. America's Desire for Stricter Gun Laws Up Sharply. http://www.gallup.com/poll/186236/americans-desire-stricter-gun-laws-sharply.aspx

Taylor, K., S. Priest, H.F. Sisco, S. Banning, and K. Campbell. 2009. Reading Hurricane Katrina: Information Sources and Decision-Making in Response to a Natural Disaster. Social Epistemology 23(3–4): 361–380.

Turner, S. 2007. Merton's "Norms" in Political and Intellectual Context. Journal of Classical Sociology 7(2): 161–178.

Typhoon Haiyan Death Toll Tops 6000 in the Phillipines. (2013, December 13). CNN. http://www.cnn.com/2013/12/13/world/asia/philippines-typhoonhaiyan/

U.S. Department of Labor. 2015. Bureau of Labor Statistics. Labor Force Statistics from the Current Population Survey. http://www.bls.gov/cps/cpsaat11.htm

U.S. Environmental Protection Agency. 2016. Climate Impacts on Society. https://www3.epa.gov/climatechange/impacts/society.html

U.S. National Science Foundation. 2014. Science and Technology: Public Attitudes and Understanding. Chapter 7 of Science & Engineering Indicators 2014. http://www.nsf.gov/statistics/seind14/index.cfm/chapter-7/c7h.htm

Villagran, M.M., M. Weathers, B. Keefe, and L. Sparks. 2010. Medical Providers as Global Warming and Climate Change Health Educators: A Health Literacy Approach. Communication Education 59(3): 312–327.

Walsh, B. 2011. The Unfair Reception of the Climate Shift Report Shows that Greens Need to be More Open to New Ideas. Time, April 25. http://ecocentric.blogs.time.com/2011/04/25/battling-over-the-climate-war/

Wardekker, J.A., A.C. Petersena, and J.P. van der Sluijs. 2009. Ethics and Public Perception of Climate Change: Exploring the Christian Voices in the U.S. Debate. Global Environmental Change 19: 512–521.

Weber, E. U. 1997. Perception and Expectation of Climate Change: Precondition for Economic and Technological Adaptation. In Psychological and Ethical Perspectives to Environmental and Ethical Issues in Management, eds. M. Bazerman, D. Messick, A. Tenbrunsel, and K. Wade-Benzoni, 314–341. Jossey-Bass.

Weber, E.U. 2010. What Shapes Perceptions of Climate Change? Wiley Interdisciplinary Reviews–Climate Change 1(3): 332–342.

Weber, E.U., and P.C. Stern. 2011. Public Understanding of Climate Change in the United States. American Psychologist 66(4): 315–328.

Weingart, P. 2001. Die Stunde der Wahrheit? Zum Verhältnis der Wissenschaft zu Politik, Wirtschaft und Medien in der Wissensgesellschaft [A Moment of Truth? The question of Science's relation to Politics, Economy and Media in a Knowledge Society]. Velbrück.

Wilkinson, K. K. 2012. Between God and Green: How Evangelicals are Cultivating a Middle Ground on Climate Change. Oxford University Press.

Wilson, K. 2008. Television Weathercasters as Science Communicators. Public Understanding of Science 17: 73–87.

Wolf, J., and S.C. Moser. 2011. Individual Understandings, Perceptions, and Engagement with Climate Change: Insights from In-Depth studies Across the World. Wiley Interdisciplinary Reviews–Climate Change 2(4): 547–569.

Wood, B.D., and A. Vedlitz. 2007. Issue Definition, Information Processing, and the Politics of Global Warming. American Journal of Political Science 51(3): 552–568.

Wynn, G. 2012. Climate Science Uncertainty Impacts Discourse. Huffington Post, January 26. http://www.huffingtonpost.com/2012/01/26/climate-science- uncertainty-effects_n_1233244.html

Wynne, B. 1989. Sheepfarming After Chernobyl: A Case Study in Communicating Scientific Information. Environment 31(2): 10–39.

Yang, Z.J., A.M. Aloe, and T.H. Feeley. 2014. Risk Information Seeking and Processing Model: A Meta-Analysis. Journal of Communication 64(1): 20–41.

Yang, J., and L. Kahlor. 2013. What, Me Worry? The Role of Affect in Information Seeking and Avoidance. Science Communication 35(2): 189–212.

Yang, Z.J., L.N. Rickard, T.M. Harrison, and M. Seo. 2014. Appling the Risk Information Seeking and Processing Model to Examine Support for Climate Change Mitigation Policy. Science Communication 36(3): 296–324.

Zia, A., and A.M. Todd. 2010. Evaluating the Effects of Ideology on Public Understanding of Climate Change Science: How to Improve Communication Across Ideological Divides. Public Understanding of Science 19(6): 743–761.